机载软件面向对象技术安全隐患研究

阎 芳 谢文光 张 涛 编著

U0202361

西北工业大学出版社
西 安

图书在版编目（CIP）数据

机载软件面向对象技术安全隐患研究 / 阎芳，谢文光，张涛著. —西安：西北工业大学出版社，2020.9
ISBN 978-7-5612-7262-6

Ⅰ. ①机⋯ Ⅱ. ①阎⋯ ②谢⋯ ③张⋯ Ⅲ. ①机载计算机-软件开发-安全技术-研究 Ⅳ. ①V247.1

中国版本图书馆CIP数据核字（2020）第165524号

JIZAI RUANJIAN MIANXIANG DUIXIANG JISHU ANQUAN YINHUAN YANJIU

机 载 软 件 面 向 对 象 技 术 安 全 隐 患 研 究

责任编辑：孙　倩	策划编辑：付高明	
责任校对：肖　莎	装帧设计：李　飞	
出版发行：西北工业大学出版社		
通信地址：西安市友谊西路 127 号	邮编：710072	
电　　话：(029) 88491757，88493844		
网　　址：www.nwpup.com		
印 刷 者：西安真色彩设计印务有限公司		
开　　本：787 mm×1 092 mm	1/16	
印　　张：8.25		
字　　数：196 千字		
版　　次：2020 年 9 月第 1 版	2020 年 9 月第 1 次印刷	
定　　价：46.00 元		

如有印装问题请与出版社联系调换

前　　言

随着民机软件安全性国际标准DO-178C正式版本的启用，面向对象技术将被广泛应用于机载软件开发中。与传统结构化软件开发相比，面向对象技术的继承、多态和重载等高级特性，极大地增强了软件代码的可读性、可复用性、可维护性和可扩展性，并促进软件设计开发过程的质量与效率得以提升。但另一方面，针对高可靠性要求的机载嵌入式软件，面向对象技术的引入同时带来诸多潜在安全隐患。本书以C++语言为研究对象，系统分析其封装与继承、类型强制转换、多态性、异常管理、类型转换、组合类和模板等关键特性的安全风险以及其规避策略。

本书在技术原理说明的基础上充分结合机载软件开发特性及DO-178C标准规范，通过剖析面向对象技术应用于机载软件开发引发的新变化，从开发人员、软件开发过程和软件编译运行等多个层面总结并提出典型安全风险问题及规避建议。书中针对每项风险问题给出清晰的原理内涵分析，划分明确的风险等级并提供具体案例、案例解析和规避策略，便于读者对不同场景下的面向对象嵌入式软件安全隐患的快速辨识和有效规避，保证高质量的软件研制。

本书结构清晰合理，从技术应用需求出发，逐步揭示机载软件面向对象开发技术原理，内容深入浅出，并涵盖机载软件面向对象开发技术的核心知识点，具备较好的可读性。此外，本书从专业性的角度阐述面向对象技术在机载软件开发中需要关注的风险问题，并紧密结合实际的开发案例提出解决方法，从而将机载软件面向对象技术相关知识点进行串联，促进读者加深理解面向对象技术在机载嵌入式软件中的实际应用，拓展读者形成清晰的技术使用思路。本书具备较强的实践性和应用价值，能够帮助机载软件开发人员快速适应DO-178C标准下的软件研制，并可供相关从事面向对象的嵌入式软件开发人员的借鉴。

由于水平所限，书中难免存在不足之处，恳请读者批评指正。

编著者

2020年1月

目　录

第1章　面向对象方法

面向对象的开发方法（Object-Oriented Software Development，OOSD）是一种新的软件工程方法，其基本思想是尽可能地按照人类认识世界的方法和思维分析和解决问题。这种方法能够提供更加清晰的需求分析和设计，是指导软件开发活动的系统方法。

然而在面向对象的领域，目前大多数工作都集中在编程语言上。面向对象的开发方法贯穿了整个软件生命周期，其中主要包括面向对象的需求分析（Object-Oriented Analysis，OOA）和面向对象的设计（Object-Oriented Design，OOD）。

1.1　面向对象方法概述

面向对象的思想最初出现于挪威奥斯陆大学和挪威计算机中心共同研制的Simula-67语言中。其后，随着位于美国加利福尼亚州的施乐（Xerox）研究中心推出Smalltalk-76和Smalltalk-80语言，面向对象的程序设计技术开始迅猛发展。面向对象的概念和应用已超越了程序设计和软件开发，扩展到很宽的范围，如数据库系统、交互式界面、分布式系统、网络管理结构和人工智能等领域。一些新的工程概念及其实现（如并发工程、综合集成工程等）也需要面向对象的支持，所以面向对象的方法（Object-Oriented，OO）已成为当今软件开发的主流方法。

1.1.1　面向对象方法的诞生

自20世纪70年代末以来，传统的软件工程方法对克服"软件危机"，促进软件产业的发展起到了重要作用，自顶而下的分析和设计方法、软件项目的工程化管理、软件工具和开发环境及软件质量保障体系都有力地推动了软件能力的解决。

随着软件形式化方法及新型软件的开发，传统的软件工程方法的局限性逐渐暴露出来，主要存在下述问题。

1. 传统软件开发方法无法实现从问题空间到解空间的直接映射

传统软件开发方法求解过程是，先对应用领域（问题空间）进行分析，建立起问题空间的逻辑模型，再通过一系列复杂的转换和算法，构造计算机系统，获得解空间。由于问题空间和解空间的模型、描述方式的不同，它们之间存在着复杂的转换过程，尤其对于复杂系统及普遍存在的需求变化，更难以适应。图1-1描述了传统软件从问题空间到解空间的转换过程。

图1-1　传统软件从问题空间到解空间的转换过程

2. 传统软件开发方法无法实现高效的软件复用

由于软件系统本质上是信息处理系统，传统的软件工程方法是面向过程的，所以将数据和处理过程（操作）分离，不仅增加了软件开发的难度，也难以支持软件复用。

3. 传统软件开发方法难以实现从分析到设计的直接过渡

分析和设计是软件开发的两个最重要的阶段。传统的软件开发方法在这两个阶段所建立的模型通常是完全不同的。例如，结构化方法主要的分析模型是分层的DFD图，而设计阶段的模型则是软件结构图（SC），从分析模型到设计模型要经过复杂的变换过程。

面向对象的方法则是将软件系统看作一系列离散的解空间对象的集合，并使问题空间的对象与解空间对象尽量一致，如图1-2所示。这些解空间对象之间通过发送消息而相互作用，从而获得问题空间的解。而且，问题空间与解空间的结构、描述的模型十分一致，减少了软件系统开发的复杂度，使系统易于理解和维护。

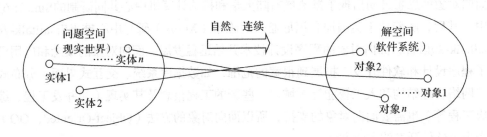

图1-2　面向对象方法的直接转换

究竟什么是面向对象的系统？根据Coad和Yourdon的定义，如果是按照以下4个特点设计和实现的系统，则称为是面向对象的，即

面向对象=对象+类+继承+通信

1.1.2　面向对象技术的主要特点

面向对象的方法具有以下主要特点。

1. 按照人类习惯的思维方法，对软件开发过程所有阶段进行综合考虑

传统的程序设计技术是面向过程的设计方法，以算法为核心，将数据和过程作为相互独立的部分，程序代码用于处理这些数据。这种数据和代码分离的结构，反映了计算机的观点，但却忽视了数据和操作之间的内在联系，所以用这种方法设计的软件系统，其解空间与问题空间不一致。

面向对象的方法以对象为核心，强调模拟现实世界中的概念而不是算法，尽量用符合人类认识世界的思维方式来渐进地分析、解决方法，使问题空间与解空间具有一致性，便于对软件开发过程所有阶段进行综合考虑，能有效地降低软件开发的复杂度，提高软件质量。

2. 软件生存期各阶段所使用的方法、技术具有高度的连续性

传统的软件开发过程用瀑布模型描述，其主要缺点是把软件开发这样一个充满回溯的过程硬性地分割为几个阶段，而且各个阶段所使用的模型、描述方法不相同。

面向对象的方法是用喷泉模型作为其工作模型，软件生存期各阶段没有明显的界线，开发过程回溯重叠，使用相同的描述方法和模型，使得软件生存期各阶段所使用的方法、技术具有高度的连续性。

3. 软件开发各个阶段有机集成，有利于系统的稳定性

将OOA、OOD、OOP（Object-Oriented Program）有机地集成在一起，使开发过程始终围绕着建立问题领域的对象（类）模型进行，而各阶段解决的问题又各有侧重。由于是以对象为中心构造软件系统，而不是基于对系统功能进行分解来构造系统，当系统功能需求改变时不会引起系统结构的变化，使软件系统具有好的稳定性和可适应性。

4. 具有良好的重用性

面向对象的技术在利用可重用的软件成分构造新软件系统上具有很大的灵活性，对象所具有的封装性和信息隐蔽，使得对象的内部实现与外界隔离，具有较强的独立性，所以，对象类提供了较理想的可重用的软件成分。而对象类的继承机制使得面向对象的技术实现可重用性更加方便、自然和准确。

1.2 面向对象的基本概念

1.2.1 对象和类

面向对象的方法以对象作为最基本的元素，对象是分析问题、解决问题的核心。对象与类是讨论面向对象方法的最基本的概念。

1. 对象（Object）

对象是客观事物或概念的抽象表述，对象不仅能表示具体的实体，也能表示抽象的规则、计划或事件，通常有以下特征：

（1）有形的实体。在现实世界中，每个实体都是对象，如飞机、车辆、计算机、桌子、房子和机器等，都属于有形的实体，这是容易识别的对象。

（2）作用。其指人或组织（如教师、学生、医生、政府机关、公司和部门等）所起的作用。

（3）事件。其指在某个特定时间内所发生的事，如学习、演出、开会、办公和事故等。

（4）性能说明。其指对产品的性能指标的说明。例如，计算机的配置有CPU、硬盘及主板的速度、型号和性能说明等。

对象不但能表示结构化的数据，而且也能表示抽象的事件、规则以及复杂的工程实体，这是结构化方法不能做到的，因此，对象具有很强的表达能力和描述功能。

每个对象都存在一定的状态（State），内部标识（Identity），可以给对象定义一组操作（Operation），对象通过其运算所展示的特定行为称为对象行为（Behavior），对象本身的性质称为属性（Attribute），对象将它自身的属性及运算"包装起来"，称为"封装"（Encapsulation）。

在面向对象的系统中，对象是一个封装数据属性和操作行为的实体。数据描述了对象的状态，操作可操纵私有数据，改变对象的状态。当其他对象向该对象发出消息，该对象响应时，其操作才得以实现，在对象内的操作通常叫作方法。

2. 类（Class）

类又称对象类（Object Class），是指一组具有相同属性和运算的对象的抽象，一组具有相同数据结构和相同操作对象的集合。类是对象的模板。在一个类中，每个对象都是类的实例（Instance），都可以使用类中提供的函数。例如，小轿车是一个类，红旗牌小轿车和东风牌小轿车都是它的一个对象。类具有属性，用数据结构来描述类的属性。类具有操作性，是对象行为的抽象，用操作名和实现该操作的方法（Method），即操作实现的过程来描述。

3. 对象和类的描述

类和对象的描述分别如图1-3和图1-4所示。在图1-3中，"人"是类名，包含两个属性：姓名和年龄，具有两种操作：改变工作和改变地址。这里"人"只是一个抽象的概念，并不代表某个具体的人。图1-4则描述了"人"这个类的两个对象实例。

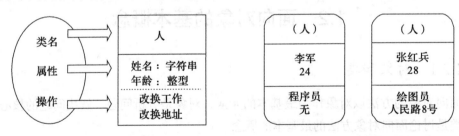

图1-3　类的描述　　　　　　　　图1-4　对象的描述

由于对象是类的实例，所以在进行系统分析和设计时，通常把注意力集中在类上，而不是具体的对象上。

1.2.2　继承

继承（Inheritance）是使用现存的定义作为基础，建立新定义的技术，是父类和子类之间共享数据结构和方法的机制，这是类之间的一种关系。在定义和实现一个类的时候，可以在一个已经存在的类的基础上进行，把这个已经存在的类所定义的内容作为自己的内容，并加入若干新内容。继承性通常表示父类和子类的关系（见图1-5）。子类继承了父类的特性。继承性分为单重继承和多重继承。

（1）单重继承。一个子类只有一个父类，即子类只继承一个父类的数据结构和方法。

（2）多重继承。一个子类可有多个父类，继承多个父类的数据结构和方法。

图1-6为继承性的一种图示描述方法。通过继承关系还可以构成层次关系，单重继承构成的类之间的层次关系是一棵树，多重继承构成的类之间的关系是一个网格（如果将所有无子类的类都看成还有一个公共子类）。继承关系是可传递的。

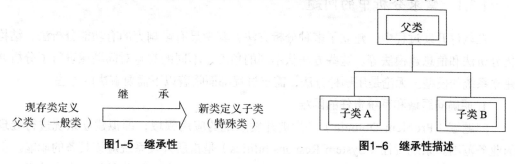

图1-5　继承性　　　　　　　　　　图1-6　继承性描述

1.2.3　多态性

多态性（Polymorphism）是指相同的操作或函数、过程作用于不同的对象上并获得不同的结果的现象。当相同操作的消息发送给不同的对象时，每个对象将根据自己所属类中所定义的操作去执行，从而产生不同的结果。一个具有多态性的行为在外界看来，不同对象都用相同的名字去执行它，因此外界认为那些都是一种行为，并预期得到相同的结果，但实际上，该行为的多态性决定了对象将根据自己所接受到消息的相关参数去选择执行该行为的哪一个版本，从而得到不同的结果。

例如，在父类"几何图形"中，定义了一个操作，它的子类"椭圆"和"矩形"都继承了几何图形的绘图操作。同时"绘图"操作，分别作用在"椭圆"和"矩形"上，却画出不同的图形。

多态性允许每个对象以适合自身的方式去响应共同的消息，这样就增强了操作的透明性、可理解性和可维护性。与多态性密切相关的有以下两个概念：

（1）重载（Overload）是指对特殊类中继承来的属性或者操作进行重新定义。

（2）动态绑定（Dynamic Binding）是指运行时根据对象所接收的消息，动态地确定要连接哪一段服务代码。

1.2.4　消息

消息（Message）是指对象之间在交互中所传送的通信信息。一个消息应该包含以下信息：消息名、接收消息对象的标识、服务标识、消息和方法、输入信息和回答信息等。消息使对象之间互相联系、协同工作，实现系统的各项服务。

通常，一个对象向另一个对象发送消息请求某项服务，接收对象响应该消息，激发所要求的服务操作，并将操作结果返回给请求服务的对象，这种通信机制叫作消息传递。发送消息的对象不需要知道接收消息如何对请求予以响应。

1.3 面向对象分析

面向对象的分析，即运用面向对象的方法进行需求分析。面向对象的分析是面向对象方法从编程领域向分析领域延伸的产物，充分体现了面向对象的概念与原则。

1.3.1 需求分析中的问题

在软件开发过程中，建立了多种分析方法，其中最有影响力的有功能分析法、结构化分析法和信息建模法等。这些方法从不同的角度、不同的观点对问题域进行了分析并建立系统的模型。无论是用哪种方法，需求过程都面临着以下需要解决的方法。

1. 明确问题域和系统责任的困难

问题域（Problem Domain）是指被开发系统的应用领域，即拟建立系统进行处理的业务范围。系统责任（System Responsibilities）是指所开发系统应该具备的职能。例如，银行的业务处理系统，其问题域即"银行"，包括银行的组织结构、人事管理和日常业务等，而系统责任则包括银行的日常业务（如金融业务、个人储蓄、国债发行和投资管理等）、用户权限管理和信息的定期备份等。要明确问题域和系统责任，即要获取和确定需求是很困难的。

2. 充分交流的问题

在软件开发过程中，各类人员的充分交流是获得准确分析结果的关键，其中以软件开发人员与领域专家之间的交流尤为重要。由于软件开发人员大多不了解应用领域的问题，但是分析工作却要求他们在较短的时间内掌握问题域的基本情况和关键问题，而应用领域的专家多半不熟悉软件开发，所以在分析过程中，软件开发人员必须与领域专家密切配合，充分交流，才能获得对问题的准确分析。

3. 需求的不断变化

在分析过程中的另一个棘手的问题是需求总是不断变化的。例如，用户会不断提出新的需求，经费可能会增加或减少，技术支持的缺乏和增加也会引起需求的调整。需求的变化要求分析员去修改分析，甚至重新做分析，而反复的修补常常会将系统搞乱，还可能会引入新的错误。

需求的变化是分析将面临的一个严峻问题，应变能力的强弱是衡量一种分析方法优劣的重要标准。

4. 考虑复用要求

软件复用是提高软件开发效率，改善软件质量的重要途径。软件复用的范围已经从20世纪80年代的程序复用，转移到了分析结果和设计结果的复用上，这将产生更加显著的效果。

分析结果的复用是指分析模型中的成分组成可复用的构建，用于构造新系统进行分析时复用。为此必须解决可复用构件的提取、制作和检索，可复用构件库的组织，可复用构建的组装等问题。要求分析结果中的基本成分具有较强的独立性。为了在检索中能够有效地搜索和理解构件，要求分析结果中的可复用成分与问题域中的事物具有良好的对应关系。

对于以上软件需求中所面临的主要问题，尤其是需求不断变化的问题和软件复用的问题，传统的软件开发方法由于本身的局限性，已不可能找到有效的解决方案。

1.3.2　OOA的特点

一个好的分析方法，应该能够有效地解决上述软件需求中的问题。OOA在解决这些问题上有较强的能力。

1. 有利于对问题及系统责任的理解

OOA强调从问题域中的实际事物及与系统责任有关的概念出发来构造系统模型。系统中对象及对象之间的联系都能够直接地描述问题域和系统责任，构成系统的对象和类都与问题域有良好的对应关系，因此十分有利于对问题及系统责任的理解。

2. 有利于人员之间的交流

由于OOA与问题域具有一致的概念和术语，同时尽可能使用符合人类的思维方式来认识和描述问题域，所以OOA使软件开发人员和应用领域的专家具有共同的思维方式，理解相同的术语和概念，从而为他们之间的交流创造了基本条件。

3. 对需求变化有较强的适应性

在一般系统中，最容易变化的是功能（在OO方法中是操作），其次是与外部系统或设备的接口部分，再就是描述问题域中事物的数据。系统中最稳定的部分是对象。

为了适应需求的不断变化，要求分析方法将系统中最容易变化的因素隔离起来，并尽可能减少各单元之间的接口。

在OOA中，对象是构成系统最基本的元素，而对象的基本特征是封装性，将容易变化的成分（如操作及属性）封装在对象中，这样对象的稳定性使系统具有宏观上的稳定性。即使需要增减对象时，其他的对象也具有相对的稳定性。因此，OOA对需求的变化具有较强的适应性。

4. 支持软件复用

OO方法的继承性本身就是一种支持复用的机制，子类的属性及操作不必重新定义，即可由父类继承而得。无论在分析、设计阶段还是在编码阶段，继承性对复用都起着极其重要的作用。

OOA中的类也很适合作为可复用的构件，因为类具有完整性，它能够描述问题域中的一个事物，包括其数据和行为的特征；类具有独立性，是一个独立的封装的实体。完整性和独立性是实现软件复用的重要条件。

1.3.3　OOA的基本任务与分析过程

1. OOA的基本任务

OOA是软件开发过程中的问题定义阶段，其目标是完成对所求解问题的分析，确定系统"做什么"，并建立系统的分析模型。

运用面向对象的方法，对问题域和责任进行分析和理解，找出描述它们的类和对象，定义其属性和操作，以及它们的结构，包括静态联系和动态联系，最终获得一个符合用户需求，并能够反映问题域和系统责任的OOA模型。

通过OOA建立的系统模型是以对象概念为中心的，因此又称为概念模型，它由一组相关的类组成。OOA可以采用自顶向下的方法，逐层分解建立系统模型，也可以自底向上地从已有定义的基类出发，逐步构造新类。

2. OOA的分析过程

面向对象的分析过程分为论域分析和应用分析，该阶段的目标是获得对问题域的清晰、精确的定义，产生描述系统功能的问题论域的基本特征的综合文档。

（1）论域分析（Domain Analysis）。论域分析过程是抽取和整理用户需求并建立问题域精确模型的过程。其主要任务是充分理解专业领域的业务问题和投资者及用户的需求，提出高层次的问题解决方法。

应具体分析应用领域的业务范围、业务规则和业务处理，确定系统范围、功能、性能，完善细化用户需求，抽象出目标系统的本质属性，建立问题论域模型。

（2）应用分析（Application Analysis）。应用分析是指将论域分析建立起来的问题论域模型，用某种基于计算机系统的语言表示出来。响应时间需求、用户界面需求和数据安全等特殊的需求都在这一层分解抽出。

图1-7描述了OOA的分析过程。

（1）获取用户基本需求。首先，用户与开发者之间进行充分交流，通常使用用例（User Case）来收集和描述用户的需求。然后，标识使用该系统的不同行为者（Actor），所提出的每个使用场景（或功能）称为一个用例。建立的系统所有用例，则构成完整的系统需求。

（2）标识类和对象。标识类与对象是一致的。在确定系统的用例后，可标识类及类的属性和操作。从问题域或用例的描述入手，发现类及对象。列出对象可能有的形式：外部实体、事物、发生的事件、角色、组织单位、场所和构造物等。

在此基础上，进一步确定最终对象。确定原则：保留对象具有需要保留的信息，需要的服务，具有多个属性，具有公共属性及操作。标识类（对象）属性，从本质上讲，属性定义了类，可从问题的陈述中或通过对类的理解而标识出属性。定义操作，操作定义了对象的行为并以某种方式修改对象的属性。操作分为对数据的操作、计算操作和控制操作。

（3）定义类的结构和层次。类的结构有一般与特殊（Generalization-Specialization）结构、整体与部分（Whole-Part）结构。构成类图的元素所表达的模型信息，通常分为三个层次，如图1-8所示。

1）对象层，给出系统中所有反映问题域和系统责任的对象。

2）特征层，给出类（对象）的内部特征，即类的属性和操作。

3）关系层，给出各类（对象）之间的关系，包括继承、组合、一般–特殊、整体–部分、属性的静态依赖关系和操作的动态依赖关系等。

4）表示类（对象）之间的关系用对象–关系模型描述系统的静态结构。

5）建立对象–行为模型，描述系统的动态行为。

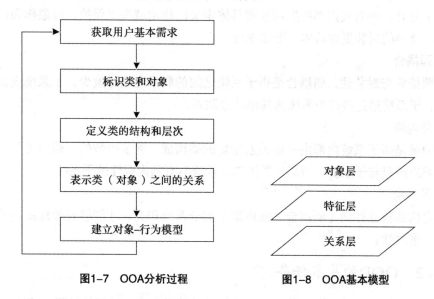

图1–7　OOA分析过程　　　　　　图1–8　OOA基本模型

1.4　面向对象的设计

　　面向对象的设计是面向对象方法的核心阶段。按照描述OO的"喷泉模型"，软件生命周期的各阶段交叠回溯，整个生命周期的概念、术语、描述方式具有一致性，因此从分析到设计无需表示方式的转换，只是分析和设计的任务分工与侧重不同。

　　OOA建立的是应用领域面向对象的模型，而OOD建立的则是软件系统的模型。与OOA的模型比较，OOD模型的抽象层次较低，因为它包含了与具体实现有关的细节，但是建模的原则和方法是相同的。

1.4.1　OOD的准则

　　建立OOD模型，可以看作是按照设计的准则，对分析模型进行细化。虽然这些设计准则并非面向对象的系统独用，但对面向对象设计起着重要的支持作用。面向对象的设计准则如下。

1. 抽象

　　抽象是指强调实体的本质、内在的属性，而忽略一些无关紧要的属性。在系统开发中，分析阶段使用抽象仅仅涉及应用域的概念，在理解问题域之前不考虑设计与实现。而在面向对象的设计阶段，抽象概念不仅用于子系统，在对象设计中，由于对象具有极强的抽象表达能力，而类实现了对象的数据和行为的抽象。

2. 信息隐蔽

　　信息隐蔽在面向对象的方法中的具体实现就是"封装性"，封装性是保证软件部件具有优良的模块性的基础。封装性是指将对象的属性及操作（服务）结合为一个整体，尽可能屏蔽对象的内部细节，软件部件外部对内部的访问通过接口实现。

类是封装良好的部件，类的定义将其说明（用户可见的外部接口）与实现（用户内部实现）分开，而对其内部的实现按照具体定义的作用域提供保护。对象作为封装的基本单位，比类的封装更加具体、更加细致。

3. 弱耦合

按照抽象与封装性，弱耦合是指子系统之间的联系应该尽量少。子系统应具有良好的接口，子系统通过接口与系统的其他部分联系。

4. 强内聚

强内聚是指子系统内部由一些关系密切的类构成，除了少数的"通信类"外，子系统中的类应该只与子系统中的其他类协作，构成具有强内聚性的子系统。

5. 可重用

只有构建独立性强（弱耦合、强内聚）的子系统和类，才能够有效地提高所设计的部件的可重用性。

1.4.2　OOD的基本任务

面向对象的设计是面向对象方法在软件设计阶段应用与扩展的结果，将OOA所创建的分析模型转换为设计模型，解决如何做的问题。面向对象的设计主要目标是提高生产效率，提高质量和提高可维护性。

OOA主要考虑系统"做什么"，而不关心系统"如何"实现的问题。在OOD中为了实现系统，需要以OOA模型为基础，重新定义或补充一些新的类，或在原有类中补充或修改一些属性及操作。因此，OOD的目标是产生一个满足用户需求的，可实现的OOD模型。

面向对象的设计还可以细分为系统设计和对象设计。系统设计确定实现系统的策略和目标系统的高层结构。对象设计确定解空间中的类、关联、接口形式及实现服务的算法。系统设计与对象设计之间的界限比分析与设计之间的界限更加模糊。

1. 系统设计

系统设计的任务包括将分析模型中紧密相关的类划分为若干个子系统（也称为主题），子系统应该具有良好的接口，子系统中类相互协作。标识问题本身的并发性，将各个子系统分配给处理器，建立子系统之间的通信。

进行系统设计的关键是子系统的划分，子系统由它们的责任及所提供的服务来标识，在OOD中，这种服务是完成特定功能的一组操作。

将划分的子系统组织成完整的系统时，有水平层次组织和垂直块组织两种方式。层次结构又分为封闭式和开放式。所谓封闭式是指每层子系统仅使用其直接下层的服务，这就降低了各层之间的相互依赖性，提高了易理解性和可修改性。开放式则允许各层子系统使用其下属任一层子系统提供的服务。块状组织是把软件系统垂直地划分为若干个相对独立的、弱耦合的子系统，一个子系统（块）提供一种类型的服务。图1-9描述了一个典型应用系统的组织结构，系统采用了层次与块状的混合结构。

通常，OOD模型（即求解域的对象模型）也与OOA模型（问题域的对象模型）一样，有主题、属性、类与对象、结构和服务5个层次组成。此外，大多数系统的OOD在逻辑上都由四部分组成，这四部分是组成目标系统的子系统。它们是问题域部件、人机交互部件、任务管理部件和数据管理部件。当然，在不同的软件系统中，这四个部件的规模和重要性差异很大。各有关部件的设计将在Coda/Yourdon方法中介绍。

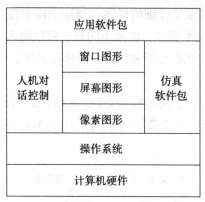

图1-9 典型的应用系统的组织结构

2. 对象设计

在面向对象的系统中，模块、数据结构及接口等都集中地体现在对象和对象层次结构中，系统开发的全过程都与对象层次结构直接相关，是面向对象系统的基础和核心。面向对象的设计通过对象的认定和对象层次组织，确定解空间中应存在的对象和对象层次结构，并确定外部接口和主要的数据结构。

对象设计是指为每个类的属性和操作进行详细设计，包括属性和操作的数据接口及实现算法，以及类之间的关联。另外，在OOA阶段，将一些与具体实现条件密切相关的对象，例如，与图形用户界面（GUI）、数据管理、硬件及操作系统有关的对象推迟到OOD阶段考虑。

在进行对象设计的同时也要进行消息设计，即设计连接类与它的协作者之间的消息规约（Specification of the Messages）。

3. 设计优化

对设计进行优化，主要涉及提高效率的技术和建立良好的继承关系的方法。提高效率的技术包括增加冗余关联以提高访问效率，调整查询次序，优化算法等技术。建立良好的继承关系是优化设计的重要内容，通过对继承关系的调整实现。

1.5 典型的面向对象方法

随着面向对象开发方法的发展，逐渐形成了Booch、Coad/Yourdon和OMT等三种主要方法。它们各有特色，主要在描述方式、图例方面考虑的重点有所不同，但在描述方式上都具有以图形方式为主的特性。

1.5.1　Booch方法

G. Booch于1991年推出了OOA和OOD法，1994年又在此基础上发布了第2版。Booch方法的开发模型包括静态模型和动态模型：静态模型分为逻辑模型和物理模型，描述了系统的构成和结构；动态模型包括状态图和时序图。

Booch方法对每一步都做了详细的描述，描述手段丰富、灵活，不仅建立了开发方法，还提出了设计人员的技术要求，以及不同开发阶段的人力资源配置。该方法的基本模型包括类图与对象图，主张在分析和设计中既使用类图，也使用对象图。

1. 类图

类图表示系统中的类与类之间的相互关系，如图1-10所示，类用虚线的多边形表示。类之间的关系有关联、继承、包含和使用等。图1-11为温室管理系统的类图。

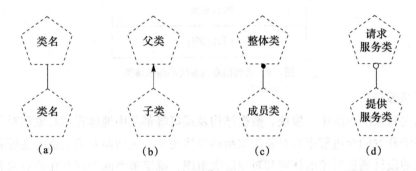

图1-10　类图的表示

（a）关联；（b）继承；（c）包含；（d）使用

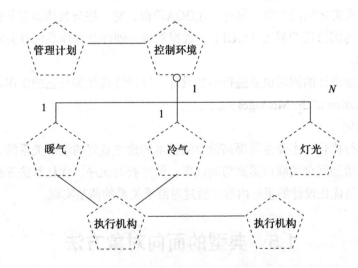

图1-11　温室管理系统的类图

2. 对象图

对象图由对象和消息组成，如图1-12所示，对象用实线的多边形表示。图1-13描述了温室管理系统的对象图。

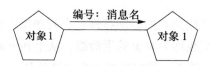

图1-12　对象图

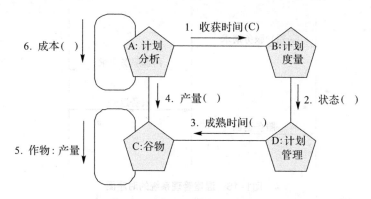

图1-13　温室管理系统的对象图

3. 状态图

Booch方法中的状态图用于描述某个类的状态空间，以及状态的改变和引起状态改变的事件，描述系统中类的动态行为。图1-14给出了状态图的表示：圆角矩形表示状态，框内标注状态名；实心圆表示开始状态；状态之间的有向连线，表示引起状态改变的事件，连线上标注事件名。

图1-14　状态图的表示

图1-15为一个温室管理系统中环境控制器类的状态图。状态图有"空闲""白天"和"夜晚"三种状态。当没有种植物时，控制器处于"空闲"状态。当种植物时，要进行温度控制，"定义气候"将根据不同季节时期，确定不同的基本温度。当控制器处于"白天"状态时，温度上升，需要调节温度，使温度下降，以保持基本温度。当处于"夜晚"状态时，也需要调节温度，使温度上升，以保持基本温度。在种植物收割后，"终止气候"，又恢复到"空闲"状态。

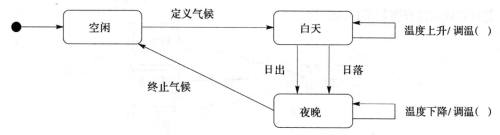

图1-15　温室管理系统的环境控制器类的状态图

4. 时序图

时序图用来描述对象之间交互的时间特性。在时序图（见图1-16）中，参与交互的对象放在上端，对象下的竖线称为对象的生命线，从上到下表示时间的延伸，生命线之间带箭头的连线表示消息的传送，并在连线上标注消息名。

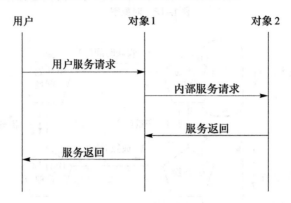

图1-16　温室管理系统的时序图

5. 模块图

模块图表示程序构件（模块）及其构件之间的依赖关系。温室管理系统的模块图如图1-17所示。

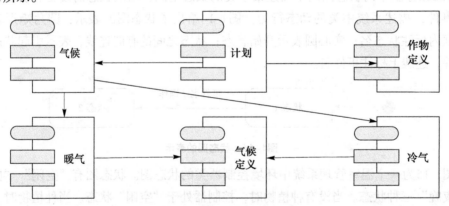

图1-17　温室管理系统的模块图

6. 进程图

进程图描述系统的物理模型，在多处理器系统中，进程图描述了可同时执行的进程在各处理器上执行的情况。在单处理系统中，进程图表示同时处于活动状态的对象。温室管理系统的进程图如图1-18所示。

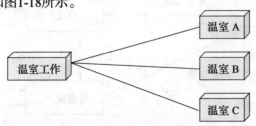

图1-18　温室管理系统的进程图

1.5.2 Coad/Yourdon方法

Coad/Yourdon方法由P. Coad和E. Yourdon于1990年推出，Coad/Yourdon方法主要由OOA和OOD构成，特别强调OOA和OOD采用完全一致的概念和表示法，使分析和设计之间不需要表示法的转换。该方法的特点是表示简练、易学，对于对象、结构、服务的认定较系统、完整，可操作性强。

1. OOA

在Coad/Yourdon方法中，OOA的主要任务是建立问题域的分析模型。OOA方法分析过程和构造OOA概念模型的顺序由5个层次组成，这5个层次分别是类与对象层、属性层、服务层、结构层和主题层。它们分别表示分析的不同侧面。

每个层次中所涉及的主要概念和相应的图形表示如图1-19所示。

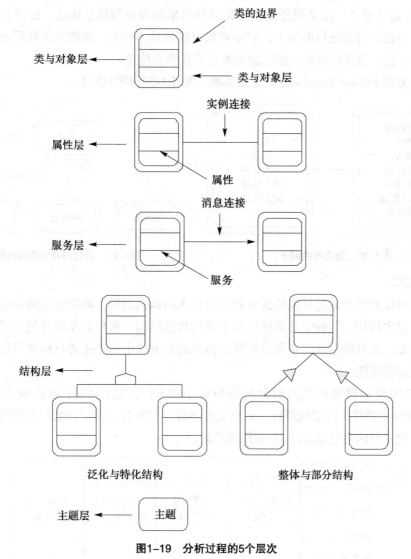

图1-19 分析过程的5个层次

面向对象的分析主要有以下活动。

（1）类和对象的认定。面向对象分析的核心是确定系统的类和对象，它们是构成软件系统的基本元素。常用的认定方式有简单系统对象的认定方法和复杂系统对象的认定方法。

（2）结构的认定。结构的认定是指描述类及对象之间的结构关系，用来反映问题空间中复杂事物和复杂关系。目前有两种结构：分类结构，针对的是事物类别之间的组织关系，组装结构，对应于事物的整体与部分之间的关系。

（3）主题的认定。主题是一种帮助理解复杂模型的抽象机制，它将关系密切的类及对象组织在一起，由主题起控制作用。整个系统由若干主题构成，便于用户从不同粒度来理解系统。

（4）定义属性。属性是类的性质，它是某种数据或状态信息。

（5）定义服务。定义服务是指定义类和对象的服务和消息连接。服务是在对象接收到一条消息后所要进行的加工，它是对象表现的具体行为。而消息关联用于表示对象间的通信，说明服务的要求。通信的基本方式是消息传递。

以下为两个Coad/Yourdon方法应用实例（见图1-20和图1-21）。

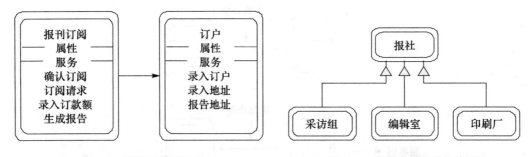

图1-20　服务层的例子　　　　　　图1-21　泛化与特化结构的例子

2. OOD

面向对象的设计通过对象的认定和对象层次结构的组织，确定解空间中应存在的对象和对象层次结构，并确定外部接口和主要的数据结构。面向对象设计的主要目标是提高生产效率，提高质量及提高可维护性。面向对象方法中一个主要目标就是保持问题域组织框架的完整性。

OOD的设计模型在面向对象的分析模型的5个层次上由4个部件构成件（见图1-22）。这4个部件是问题域部件、人机交互部件、任务管理部件和数据管理部件。面向对象设计的主要内容包括设计4类部件的活动。

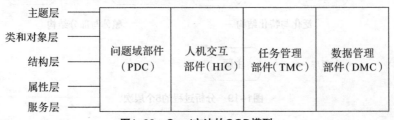

图1-22　Coad方法的OOD模型

（1）问题域部件（Problem Domain Component，PDC）。OOA与具体实现无关，而OOD则在很大程度上受具体实现环境的约束。通过分析得到的精确模型为设计问题域部件奠定了良好的基础。通常，进行问题域部件设计只需从实现的角度出发，对通过分析所建立的问题域模型做一些修改和补充即可，例如，对类、对象、结构、属性及服务进行增加、修改或完善。设计问题域部件时可采用以下方法。

1）利用重用设计加入现有类。现有类是指面向对象的程序设计语言所提供的类库中的类，将其中所需要的类加入问题域部件中，并指出现有类中不需要的属性及操作。

2）引入一个"根"类，将专门的问题域类组合在一起，或引入一个附加的抽象类，以便为大量的具体类定义一个相似的服务集合，建立一个协议。

3）调整继承的支持层次。如果分析模型中包括多重继承，而使用的程序设计语言中没有多重继承机制，可使用化为单一层次的方法，将多重继承化为单重继承。

（2）人机交互部件（Human Interaction Component，HIC）。人机交互部件用来表示用户与系统的交互命令及系统反馈的信息。在分析的基础上，进一步分析用户，确定交互的细节，包括指定窗口、设计窗口及设计报表等。人机交互部件在一定程度上依赖于所使用的图形用户接口，接口不同，人机交互部件的类型也不同。

具体方法：先对用户进行分类，可按照技能分为初级、中级和高级三类，也可按照组织级别分为总经理、部门经理和一般职员等，还可按照其他方式进行分类；然后，按照用户分类对用户的信息（特征、年龄、文化程度、技能水平和主要任务等）做进一步的描述；进而对人机交互的命令、命令层次进行设计。

人机交互部件的设计要遵循一致性原则，包括术语、步骤和动作的一致性，尽量减少用户操作的步骤，及时提供反馈信息，使人机交互界面易学，使用方便，富有吸引力。

（3）任务管理部件（Task Management Component，TMC）。任务管理是指确定各种类型的任务，并把任务分配到硬件或软件上去执行。为了划分任务，首先要分析并发性。通过OOA建立的动态模型是分析并发性的主要依据。通常把多个任务的并发执行称为多任务。

常见的任务有事件驱动型任务、时钟驱动型任务、优先任务、关键任务和协调任务等。

（4）数据管理部件（Data Management Component，DMC）。数据管理部件是系统存储、管理对象的基本设施，它建立在数据存储管理系统的基础之上，并且独立于各种数据管理模式。设计数据管理部件，既需要设计数据格式，又需要设计相应的服务。设计数据格式的方法与所使用的数据存储管理模式密切相关，通常有文件系统和数据库管理系统两类数据存储模式。

1.5.3　对象模型OMT

由J. Umbaugh和他的4位合伙人于1991年推出的面向对象的方法学，又称为对象模型技术（Object Model Technology，OMT）。作为一种软件工程方法学，它支持整个软件生存周期，覆盖了问题构成、分析、设计和实现等阶段。

OMT方法体现了建模的思想，讨论了如何建立一个实际的应用模型，从3个不同而又相关的角度建立3类模型：对象模型、动态模型和函数模型。OMT为每一类模型提供了图形表示。

1. 对象模型技术的基本概念

OMT方法讨论的核心问题就是建立对象模型、静态模型和函数模型三种模型。

（1）对象模型描述了由对象和相应实体构成的系统静态结构，描述了系统中对象的标识、属性、操作及对象的相互关系。该模型使用对象图来描述，它是分析阶段3类模型的核心，提供了其他2类模型都适用的框架。

（2）动态模型根据事件和状态描述了系统的控制结构，以及系统中与时间和操作顺序有关的内容，如标记变化的事件、事件的顺序和定义事件背景的状态等。

（3）函数模型着重描述系统中与值得转换有关的问题，如函数、映射、约束和函数作用等。

三类模型描述的角度不同，却又相互联系。

2. 建立对象模型的5个层次

（1）确定类与对象。类和对象是在问题域中客观存在的，系统分析员的主要任务是通过分析找出这些类和对象。

（2）确定关联。两个或多个对象之间的相互依赖，相互作用的关系就是关联，分析确定关联，要考虑问题域的边缘情况。

（3）划分主题。将大型、复杂系统进一步划分为不同的主题，以降低系统的复杂性。

（4）确定属性。属性是对象的性质，一般确定属性的过程包括分析和选择两个步骤。

（5）识别继承关系。确定了类中应该定义的属性之后，就可以利用继承机制共享公共性质，并对系统中众多的类加以组织。一般可使用自底向上和自顶向下两种方式建立基础关系。

3. 对象和类的描述

对象与类是构成对象模型的基本元素。给出了类的一般描述形式如图1-23所示。类由类名、属性和操作3部分组成。属性和操作还可做进一步的描述如图1-24所示。对象的一般描述如图1-25所示。

在对类或者对象的进一步描述中：

1）属性。属性名、补充细节。

2）操作。应用于类中对象或类中对象使用的一种功能或者转换，包含操作允许的参数。

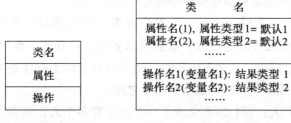

图1-23 类的一般描述　　　图1-24 类的进一步描述　　　图1-25 对象的一般描述

4. 链和关联

在对象模型中，类之间或对象之间的联系用关联（Association）或者链（Link）来描述。关联和链都是用一条直线连接相关的类和对象，直线上面标注关联和链的名称。

（1）关联与链的关系。

1）链表示两个（或多个）对象之间的关系。

2）关联描述具有公共结构和语义的一组链，表示类之间的关系。

关联描述两个或多个类之间的关系，链则是关联的实例。它们之间的关系与类和对象之间的关系类似。在程序设计中，关联常用一个对象到另一对象的指针实现。

例如，关联名是"国家与首都"，而联系对象"加拿大"与"渥太华""美国"与"华盛顿"之间的链是"国家与首都"，如图1-26所示。

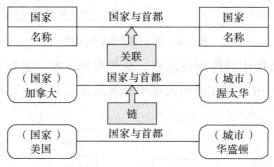

图1-26 链与关联举例

可用二元关联、三元关联及多元关联来描述两个类、三个类及多个类之间的关系，如图1-27所示。

（a）　　　　　　　　　　（b）

图1-27 关联的表示

（2）关联的描述。关联还可用重数及链属性等做进一步的描述。

1）重数。重数也称关联的多重性，表示一个类中有多少个实例与一个相关类的某一个例子有关。重数限定了相关对象的个数。重数有以下的表示方式：● 表示"多个"，表示0或多个；○ 表示"可选"，表示0或者1。也可以在连线上标注数字表示重数：1表示只有1个；1+表示1个或多个；3～5表示3～5个之间。

图1-28表示一个公司有多个人；图1-29不仅表示一个公司有多个人，还表示一个人可属于多公司。

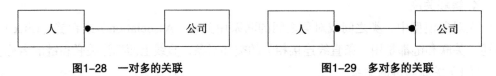

图1-28　一对多的关联　　　　　　　　图1-29　多对多的关联

2）链属性与角色。链属性是指关联中链的性质，链的每一个属性都有一个值。链属性的OMT符号是一个方框，用一个弧形与两个类的直线和方框相连。方框内表示一个或多个属性。链属性为"访问许可"，还可以进一步用文字说明用户对文件的可访问性如图1-30所示。

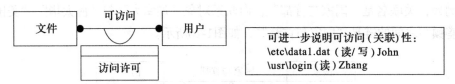

图1-30　多对多关联的链属性

角色表示类在关联中的作用或职责，角色名用于唯一的标识端点。图1-31给出了角色的描述，"公司"类在雇用关联中扮演的角色是雇主，而"个人"类的角色是雇员。

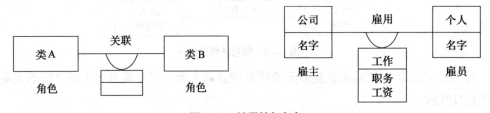

图1-31　链属性与角色

5. 聚集和继承

（1）聚集关系。聚集代表整体与部分的关系，聚集的符号是在整体的一端加上一个菱形框。图1-32表示段落有多个句子。构成不同层次的多级聚集关系，图1-33表示一个微机系统的多级聚集。

图1-32　聚集关系

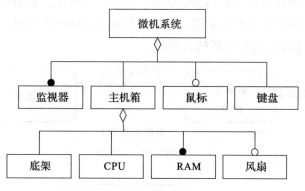

图1-33 聚集的层次关系

（2）继承关系。继承是指使用现存的定义作为基础，建立新定义的技术。继承性表示基类与子类的合作关系。子类继承了基类的特性。在OMT中，继承性用一个三角形表示。

继承分为单重继承和多重继承。单重继承只有一个父类，仅有单重继承的类层次结构是树层次结构。多重继承是指子类继承了多个父类的性质，是比单重继承更复杂的一般化关系，具有多重继承的层次结构是网状层次结构。举例如图1-34，"水陆两用船"继承了"陆上运输工具"和"水上运输工具"的属性与操作，它们之间是一种多重继承关系。

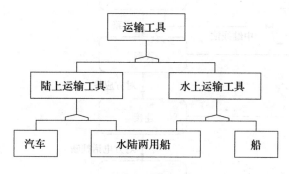

图1-34 继承关系举例

6. 建立动态模型

动态模型着重于系统的逻辑结构，描述某时刻对象及其联系的改变。OMT的动态图包括状态图和事件追踪图。

（1）事件和状态。状态是指对象所具有的属性值，具有时间性和持续性。事件是指对象的触发行为，是从一个对象到另一个对象的信息的单向传递。脚本是指在系统的某一执行期间内的一系列事件。

在系统中具有属性值、链路的对象，可能相互激发，引起状态的一系列变化。有的事件传递的是简单信号，有的事件则传递的是数据值。由事件传送的数据值称为"属性"。

（2）状态图。状态图是一个状态和事件的网络，侧重于描述每一类对象的动态行为，反映了由于事件所引起的状态的迁移，如图1-35所示。状态图用圆角矩形表示，框内标注状态名；事件用带箭头的连线表示；初始状态用圆点表示；终止状态用圆圈内加一个圆点表示。图1-36为打电话的状态图。

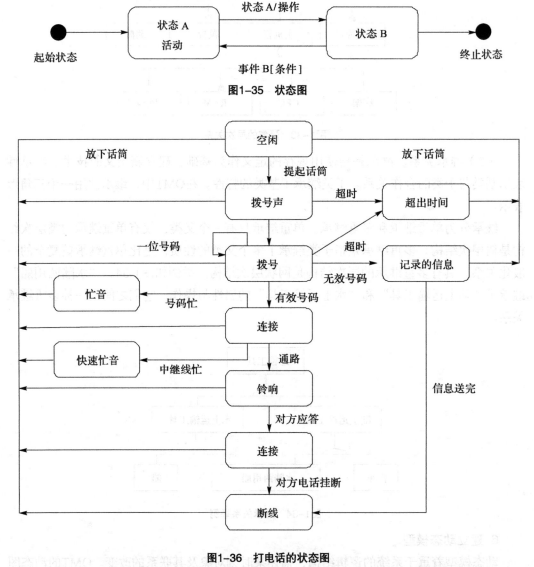

图1-35　状态图

图1-36　打电话的状态图

（3）事件追踪图。事件追踪图侧重描述系统执行过程中一个特定的"场景"（Scenarios）。场景有时也叫"脚本"，是完成系统某个功能的一个事件序列。事件追踪图描述了多个对象的集体行为。

脚本是系统某一次特点运行时期内发生的事件序列。例如，打电话的场景可以描述如下：

①拿起电话受话器　　　　　　　②电话忙音开始

③拨电话号码数8　　　　　　　　④电话忙音结束

⑤拨电话号码数5　　　　　　　　⑥拨电话号码数5

⑦拨电话号码数1　　　　　　　　⑧拨电话号码数2
⑨拨电话号码数5　　　　　　　　⑩拨电话号码数6
⑪拨电话号码数7　　　　　　　　⑫接电话方电话开始振铃
⑬打电话方听见振铃声　　　　　　⑭接电话方接电话
⑮接电话方停止振铃　　　　　　　⑯打电话方停止振铃声
⑰通话　　　　　　　　　　　　　⑱接电话方挂电话
⑲电话切断　　　　　　　　　　　⑳打电话方挂断电话

按照对打电话的场景的描述，图1-37为打电话的事件追踪图。

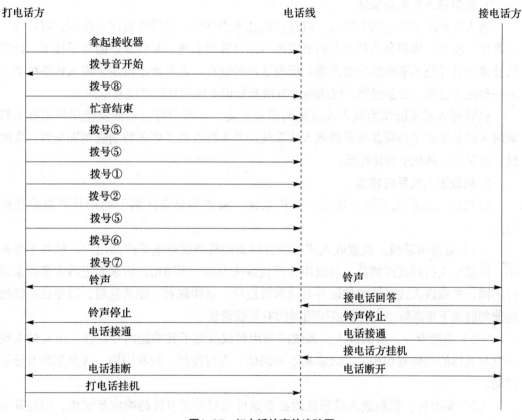

图1-37　打电话的事件追踪图

1.6　面向对象在机载嵌入式软件中的应用

伴随信息时代的到来，嵌入式系统在各个领域中的应用越来越广泛。作为嵌入式系统的重要分支，机载嵌入式系统具有非常强的行业特征，是与航空电子应用密切联系的专用系统。联合战术无线电系统（JTRS）和多功能信息分发系统（MIDS）就是这类机载嵌入式系统的典型实例。众所周知，机载嵌入式系统不但对硬件资源有特殊要求，而且特别强调其软件的可靠性、实时性和并发处理能力，这无疑增加了机载嵌入式系统软件的开发难度。此外，为更准确地把握战场全局和从各种传感器感知的海量数据中筛选出更有价值的信息，不可避免地造成业务需求变化越来越快而软件交付的时间却越来越短。毫无疑问，机载嵌入式软件开发在这种形式下必将面临新的挑战。为适应这些需求和变化，传统的结构化程序设计方法已做出相当多的改进，但仍不断从机制上暴露出缺点。因此，如何采用新方法快速高效地开发出满足需求的机载嵌入式系统软件，便成为新时期机载嵌入式系统软件开发中迫切需要解决的问题。有研究表明，面向对象技术应用于机载嵌入式系统软件的开发是解决该问题的重要途径。

1.6.1 机载嵌入式系统软件概述

1. 机载嵌入式系统概述

嵌入式系统是以应用为中心，以计算机技术为基础，软硬件资源可裁减，对功能、可靠性、成本、体积和功耗有严格要求的专用计算机系统，是将先进的电子技术、计算机技术和软件技术紧密结合的产物。所有这些特征在一定程度上决定了嵌入式系统必然是一种技术密集、资金密集、应用高度分散和知识不断创新的集成系统。

机载嵌入式系统作为嵌入式系统的重要分支，显著的行业特征及使用环境要求机载嵌入式系统除了必须具备普通嵌入式系统的基本特点外，更须特别强调安全性、实时性、可靠性、体积小和功耗低。

2. 机载嵌入式系统特点

机载嵌入式系统不同于通用计算机系统，有许多显著区别于通用计算机系统的特点：

（1）资源可裁减。机载嵌入式系统直接面向机载航空电子产品用户，承载于各种军、民航空飞行器或探测器。与通用计算机系统为满足不同用户需求而进行大量冗余设计不同，机载嵌入式系统的软硬件必须高效设计、量体裁衣、删繁就简，以便在不牺牲性能的前提下提高航空飞行器或探测器的有效载荷量。

（2）功能专一。机载嵌入式系统的应用领域决定了其功能的专一性，所有的实现一定与具体的功能密切相关，大多离不开通信、飞行控制、敌我识别、气象探测及导航范畴。

（3）实时性。机载嵌入式系统的必要条件是对外部事件的响应足够快，但这并不是机载嵌入式系统的充分条件。机载嵌入式系统更关心的是对事件响应的确定性和可重现。换言之，就是外部事件发生的序列对系统来说完全可预测。

（4）安全可靠性。从硬件的视角看，要求机载嵌入式系统结构紧凑、坚固可靠，能适应各种复杂气象条件和恶劣工作环境。通常对关键硬件采用冗余技术提高系统的可靠性。从软件的观点看，机载嵌入式系统对安全可靠性要求不同于一般嵌入式系统。如类似微波炉、洗衣机这样的嵌入式系统即使出现"宕机"也不会造成十分严重的危害，但如果飞机飞控系统发生故障，那将会造成难以想象的后果。

（5）体积小。随着现代航空器推进技术的发展，航空飞行器的运载能力获得了显著的提升，不少大型军用运输机甚至具备运输重型坦克的能力。尽管如此，人们一直没有放弃继续减小机载电子系统的体积，仍有不少行业人士在进行单位体积更高性能的研究课题。

（6）功耗低。随着计算机技术应用的深入，机载嵌入式系统正在获得越来越广泛的使用。一方面，由于机载嵌入式系统包括大量使用燃油供电的设备，而飞机携带的燃油有限；另一方面，为了提高机载嵌入式系统的性能，需要提高处理器速度，增加更多的外围设备，相应地需要增加系统的功耗。所以，高性能与有限燃油之间的矛盾越来越突出，功耗成为机载嵌入式系统重要的性能指标。

为了解决上述矛盾，在满足用户性能要求的前提下，降低系统功耗，尽量延长系统的使用时间成为机载嵌入式系统设计目标之一。人们期望航空飞行器飞得越远越好，但飞行器挂载的燃油总是有限的，无疑降低机载电子系统的功耗变得非常必要。

3. 机载嵌入式软件特点

与一般的计算机应用软件相比，机载嵌入式系统软件是一种高效、专一、实时和安全可靠的软件。其主要特点如下：

（1）具有实时处理能力。一方面机载嵌入式系统软件响应外部事件应足够快，另一方面处理事件的时间可预测。优先级越高的事件将会越早接受服务，但不至于让低优先级事件的处理时间变得不可评估。总之，对外部事件的响应应快速、确定和可重复实现，并且不管系统当时的内部状态如何，处理时间都应是可预测的。特别是硬实时系统，必须要求事件的处理在"死限（Deadline）"到来前完成，否则将引起系统的崩溃。

（2）具备快速处理并发事件的能力。机载嵌入式系统大多是事件驱动系统，而且处理的外部事件多有随机并发事件，所以不论计算机处理能力有多强，运算速度有多快，理论上讲都是不够的。机载嵌入式系统软件还必须具备在中断级和任务级快速处理并发事件的能力。

（3）具有容错处理及自恢复能力。任何一个系统软件，无论经过了多么精确的设计和通过了多么严格的测试，仍不能保证系统没有任何潜在错误。机载嵌入式系统的安全可靠性决定了机载嵌入式系统软件必须具有容错及自恢复能力。当系统出现故障时，能正确识别和隔离故障并对故障进行修复处理，即使在最恶劣的情况下，也能快速自恢复到系统故障前的正常状态。

（4）UTOS支持。为简化系统应用软件设计、缩短开发周期、减少重复劳动和提高系统调度的可靠性与健壮性，机载嵌入式系统软件通常都有成熟的、商业化RTOS供选用，最常见的有RTLinuX，pSos，VxWorks和Green Hill。

（5）软件固化。机载嵌入式系统软件的操作系统与应用程序是紧密结合的，应用软件和操作系统的界线非常模糊，然而任何软件都需要媒介承载，经过一体化设计的操作系统与应用软件也不例外。而且机载嵌入式系统软件普遍要求快速启动，不允许应用程序在运行前从普通磁介质盘片进行加载，因此通常将生成的一体化程序存放在读取速度更快的固态存储器中，生成的最终软件都有一个固化过程，常用固化介质有NVRAM，E2ROM，FLASH，SSD和DOC。不久的将来会使用具有革命意义的M-RAM。

自从ARINC653规范明确要求机载嵌入式系统软件具备自升级能力以来，该要求便逐渐成为机载嵌入式系统软件的另一个显著特点。事实上，自升级能力一方面满足了用户不断增长的功能扩展需求，另一方面也为软件维护推开了一扇方便之窗。

1.6.2　面向对象技术在机载嵌入式软件中的应用现状

面向对象技术在非安全关键软件的开发（例如基于Web的和桌面应用）中广泛使用，并且很多大学的相关专业都开设了该课程，同时面向对象技术也已经被用于医疗和汽车系统中。由于DO-178C标准的出台、功能强大的工具支持、程序员的认可、可认识到成本的减少以及可复用性的潜力，所以面向对象技术在航空领域的应用也是相当有前景的。

然而，面向对象技术到目前为止还没有被广泛应用在航空业中，也很难找到机载嵌入式软件系统运用UML实现面向对象技术的相关案例。出现这种情况并不奇怪，出于对机载系统可靠性的特别考虑，加之采用新技术本身所面临的潜在风险，从事机载嵌入式软件开发的程序员在采用新技术方面往往相对保守，因此很少有程序员轻易放弃早已熟悉的结构化程序设计模式，这只是第一个原因。第二个原因似乎更简单，机载嵌入式系统应用软件领域相对专业、狭窄，这导致在该领域严重缺乏面向对象技术的理论指导，首先能查阅到关于机载嵌入式系统软件开发的资料有限，其次就是在有限的技术资料中也多半忽略了面向对象的开发方法。

据悉，美国目前已服役的F-22猛禽战斗机和在研的联合攻击战斗机（Joint Strike Figter）的航电系统软件开发已全面采用面向对象技术。由F-22主合同承包商洛克希德-马丁公司成立的航空电子设备特别小组在很短的时间内开发出了供F-22航电系统使用的"小型化"软件版本，该版本能更快地查找、隔离并解决航电系统问题。可以想象，倘若不是采用面向对象技术，在短期内是不可能开发出"小型化"的软件版本的，因为"快速原型化"不是结构化程序设计的强项。另外，美国联邦航空局（Federal Aviation Administration，FAA）和航空业界已经研究和调查OOT面向对象技术在安全关键系统中的使用以及其为安全实现开发指南超过10年时间。与多个面向对象技术OOT相关的技术挑战（其中大多数与编程语言相关），拖延了它在实时系统和航空业中的普及。FAA问题纪要和欧洲航空安全局（European Union Aviation Safety Agency，EASA）合格审定评审项（CRI）已经出发，以确保使用OOT的项目关注这些问题。还有消息表明在国内机载嵌入式软件系统开发领域，哈尔滨工程大学、中国航空研究院611所（成都飞机设计研究所）和中国电子科技集团公司第三十八研究所等单位在这方面已经做了一些尝试，并取得了不少阶段性成果。

第2章 面向对象软件开发生命周期过程

软件生存期模型也称为软件过程模型或软件开发模型，是描述软件过程中各种活动如何执行的模型。它明确了软件开发和演绎各阶段的次序限制以及各阶段活动的准则，确立了开发过程所遵守的规定和限制，便于各种活动的协调以及各种人员的有效通信，有利于活动重用和活动管理。下面讲述两种典型的生命周期模型。

2.1 喷 泉 模 型

喷泉模型是由B. H. Sollers和J. M. Edwards于1990年提出的一种新的开发模型，主要用于采用面向对象技术的软件开发项目。它克服了瀑布模型不支持软件重用和多项开发活动集成的局限性。喷泉模型在每次迭代中随之加入渐进的软件成分，即迭代性；而分析和设计活动等多项活动之间没有明显的边界，即无间隙性。

喷泉模型是以面向对象的软件开发方法为基础，以用户需求作为喷泉模型的源泉。如图2-1所示，喷泉模型有下述特点。

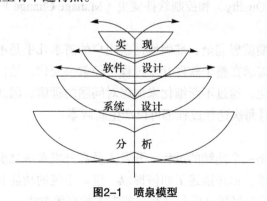

图2-1 喷泉模型

（1）喷泉模型规定软件开发过程有4个阶段，即分析、系统设计、软件设计和实现。

（2）喷泉模型的各阶段相互重叠，它反映了软件过程并行性的特点。

（4）喷泉模型以分析为基础，资源消耗呈塔形，在分析阶段消耗的资源最多。

（4）喷泉模型反映了软件过程迭代性的自然特性，从高层返回低层无资源消耗。

（5）喷泉模型强调增量开发，它依据"分析一点，设计一点"的原则，并不要求一个阶段的彻底完成，整个过程是一个迭代的逐步提炼的过程。

（6）喷泉模型是对象驱动的过程，对象是所有活动作用的实体，也是项目管理的基本内容。

（7）喷泉模型在实现时，由于活动不同，可分为系统实现和对象实现，这既反映了全系统的开发过程，也反映了对象的开发和重用过程。

2.2　统一软件过程

统一软件过程（Rational Unified Process，RUP）是一个面向对象且基于网络的程序开发方法论。根据Rational（Rational Rose和统一建模语言的开发者）的说法，好像一个在线的指导者，它可以为所有方面和层次的程序开发提供指导方针、模板以及事例支持。RUP和类似的产品，例如，面向对象的软件过程（OOSP）和OPEN Process（打开一个进程）都是理解性的软件工程工具——把开发中面向过程的方面（如定义的阶段、技术和实践）和其他开发的组件（例如文档、模型、手册以及代码等）整合在一个统一的框架内。

RUP吸收了多种开发模型的优点，具有很好的可操作性和实用性。这个过程的目的是在预定的进度和预算范围内，开发出满足最终用户需要的高质量软件。

2.2.1　RUP的特点

RUP是最佳软件开发经验的总结，具有迭代式增量开发、使用实例驱动和以软件体系结构为核心这三个鲜明特点。这些特点是对UML的发展和无缝集成。

RUP包含了软件开发中的6大经验：迭代式开发（Develop Iteratively）、管理需求（Manage Requirements）、应用基于组件的软件体系结构（Use Component Architectures）、可视化建模（Visualization Architectures）、验证软件质量（Continuously Verify Quality）和控制软件变更（Manage Change）。

1. 迭代式开发

在软件开发的早期就想完全、准确地捕获用户的需求几乎是不可能的。实际上，经常会遇到的问题是，需求在整个软件开发过程中经常会变化。迭代式开发允许在每次迭代过程中需求发生变化，通过不断细化来加深对问题的理解。因此迭代式开发不但可以降低项目的风险，而且每次迭代过程都可以产生新版本。

2. 管理需求

确定系统的需求是一个连续的过程。开发人员在开发系统之前不可能完全详细地说明一个系统的真正需求。RUP描述了如何提取、组织系统的功能和约束条件并将其文档化，用例和脚本的使用已经被证明是捕获功能需求的有效方法。

3. 应用基于组件的体系结构

组件使重用成为可能，系统可以由组件构成。基于独立的、可替换的、模块化组件的体系结构有助于控制系统的复杂性，提高重用率。RUP描述了如何设计一个有弹性的、能适应变化的、易于理解的、有助于重用的软件体系结构。

4. 可视化建模

RUP和UML联系在一起，对软件系统进行可视化建模，帮助人们提供管理和控制软件复杂性的能力。

5. 验证软件质量

在RUP中，软件质量评估不再是软件开发完成后才进行的活动，而是贯穿于软件开发过程中，这样可以及早发现软件中的缺陷并予以纠正。

6. 控制软件变更

RUP描述了如何进行控制、跟踪、监控和修改，以确保成功的迭代开发。RUP通过软件开发过程中的制品，将软件的变更控制在最小的范围内，并以此为每个开发人员建立安全的工作空间。

总之，在RUP中，以用例捕获需求方法的优势是显而易见的。首先，它描述了用户是如何与系统交互的，这种描述更易于被用户所理解，是开发人员和用户之间针对系统需求进行沟通、迅速达成共识的有效手段。其次，它是以时间顺序描述交互过程的，因此系统测试和最后编写用户手册的过程中紧紧地以用户需求为中心，促使开发人员始终站在用户的角度考虑问题，容易验证设计和实现满足用户的需求。此外，用例还简化了记录功能需求的工作，提高了开发工作的效率。

2.2.2　RUP的二维开发模型

传统的软件开发模型（如瀑布式开发模型）是一维的模型，开发工作被划分为多个连续的阶段，在一个时间段内，只能做某一个阶段的工作（如分析、设计或者实现）。

如图2-2所示，在RUP中，软件开发生命周期根据时间和RUP的核心工作流划分为二维空间：横轴描述RUP开发过程的动态结构，纵轴描述RUP的静态组成部分。

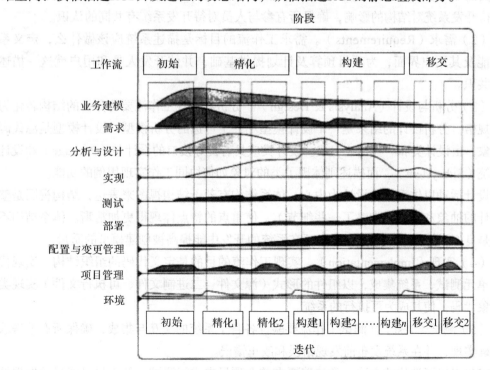

图2-2　RUP二维开发模型

1. 横轴

横轴为时间轴。时间轴从组织管理的角度描述整个软件开发生命周期，是RUP的动态组成部分。RUP把软件开发周期划分为初始（Inception）、精化（Elaboration）、构建（Construction）和移交（Transition）等4个连续的阶段。

（1）初始阶段。该阶段的目标是为系统建立商业案例并确定项目的边界，为此，必须识别所有与系统交互的外部实体，在较高层次上定义交互的特性。本阶段具有非常重要的意义，在这个阶段中所关注的是整个项目进行中的业务和需求方面的主要风险。

（2）精化阶段。该阶段目标是分析问题领域，在理解整个系统的基础上，建立系统的体系结构，包括其范围、主要功能和诸如性能等非功能需求，并编制项目计划。

（3）构建阶段。所有剩余的构件和应用程序功能被开发并集成为产品，所有的功能被详细测试。从某种意义上说，构建阶段是一个制造过程，其重点放在管理资源及控制运作上，以优化成本、进度和质量。该阶段的产品版本被称为Deta版。

（4）移交阶段。移交阶段的重点是确保软件对最终用户是可用的，常常要进行几次迭代，包括为发布做准备的产品测试，以及基于用户反馈的少量的调整等。

2. 纵轴

纵轴表示核心工作流。工作流描述了一个有意义的连续的行为序列，每个工作流产生一些有价值的产品，并显示了角色之间的关系。核心工作流从技术角度描述RUP的静态组成部分。RUP中的9个核心工作流（Core Workflows）如下。

（1）商业建模（Business Modeling）。商业建模工作流理解为待开发系统的组织结构及其商业运作，建立商业用例模型和商业对象模型，定义组织的过程、角色和责任，评估待开发系统对结构的影响，确保所有参与人员对待开发系统有共同的认识。

（2）需求（Requirements）。需求工作流的目标是描述系统应该做什么，定义系统功能及其用户界面，为项目预算及计划提供基础，并使开发人员和用户就这一描述达成共识。

（3）分析与设计（Analysis & Design）。分析与设计工作流要将分析的结构转化为实现规格。分析设计的结果是一个设计模型和一个可选的分析模型。设计模型是源代码的抽象，由设计类和一些描述组成。设计类应具有良好接口的设计包（Package）和设计子系统（Subsystem），而描述则体现了类的对象如何协同工作实现用例的功能。

设计活动以体系结构设计为中心，体系结构有若干结构视图来表达，结构视图是整个设计的抽象和简化（省略了一些细节），使重点的特点体现得更加清晰。体系结构不仅仅是良好设计模型的承载媒介，还在系统的开发中能提高被创建模型的质量。

（4）实现（Implementation）。实现工作流的目的是定义代码的组织结构、实现代码、单元测试、系统集成，以组件的形式（源文件、二进制文件、可执行文件）实现类和对象代码，使其成为可执行的系统。

（5）测试（Test）。测试工作流要验证各自子系统的交互与集成，确保所有的需求被正确实现，并在系统发布前发现错误和改正错误。

RUP提出了迭代的方法，意味着要在整个项目中进行测试，从而尽可能早地发现缺陷，从根本上降低了修改缺陷的成本。测试类似于三维模型，分别从可靠性、功能性和系统性能来进行。

（6）部署（Deployment）。部署工作流描述确保软件产品对最终用户具有可用性的相关活动，包括打包、分发、安装软件，升级旧系统；培训用户及销售人员，并提供技术支持；制定并实施Deta测试；移植现有的软件和数据以及正式验收。

（7）配置和变更管理（Configuration & Change Management）。配置和变更管理工作流跟踪并维护系统开发过程中产生的所有制品的完整性和一致性。同时也阐述了对产品的修改原因、时间、人员，并保持审计记录。

（8）项目管理（Project Management）。软件项目管理为软件开发项目提供计划、人员配备，为执行和监控项目提供实用的准则，为风险管理提供框架。

（9）环境（Environment）。环境工作流的目的是向软件开发组织提供过程管理和工具的支持。环境工作流集中于配置项目过程中所需要的活动，同样也支持开发项目规范的活动，提供步骤的指导手册并介绍如何在组织中实现过程。

这9个核心工作流分为两种组织工作流的方式：（1）～（6）为核心过程工作流（Core Process Workflows）方式，（7）～（9）为核心支持工作流（Core Supporting Workflows）。

从图2-2中用阴影表示的工作流可以看出，不同的工作流在不同时间段内的工作量不同。值得注意的是，几乎所有的工作流在所有的时间段内，均有工作量，只是工作程度不同而已。这与瀑布式开发模型有着明显的不同。9个核心工作流在项目迭代开发阶段中轮流被使用，在每一次迭代中以不同的重点和强度重复。

需要说明的是，RUP的9个核心工作流并不总是全需要的，可以取舍。通过对RUP进行裁剪可以得到很多不同的开发过程。这些软件开发过程可以看作RUP的具体案例，根据本项目具体情况确定需要哪些工作流。

2.2.3　RUP的迭代开发模式

在RUP的二维开发模型中，每个阶段都由一个或多个连续的迭代组成，每一个迭代都是一个完整的开发过程，产生一个可执行的产品版本。该版本是最终产品的一个子集，如图2-3所示。每个阶段增量式地从一个迭代到另一个迭代，直到成为最终的系统。

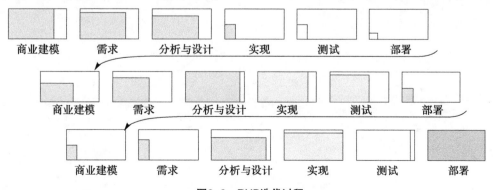

图2-3　RUP迭代过程

如图2-4所示，在每个阶段结束前都应有一个里程碑（Mile Stone），产生的阶段里程碑用来评估该阶段的工作，只有当阶段目标达到时才允许进入下一阶段，若未能通过评估，则决策者应该做出决定，是应取消该项目，还是继续做该阶段的工作。所以这是一种更灵活、风险更小的方法，多次通过不同的开发工作流，这样可以更好地理解需求，构造一个健壮的体系结构，并最终交付一系列逐步完成的版本。这称为一个迭代生命周期。

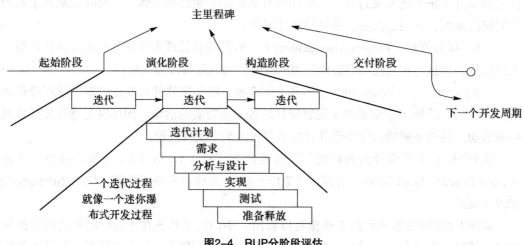

图2-4 RUP分阶段评估

与核心工作流不同的是，RUP并没有也无法给出迭代工作流的具体实现步骤，它需要项目经理根据当前迭代所处的阶段以及上次迭代的结果，适当地对核心工作流中的行为进行裁剪以实现一个具体的可操作的迭代工作流。

RUP的开发过程是以软件的体系结构为中心，以用例驱动的，因此RUP的迭代开发过程是可控制的。在项目计划中已制定了项目迭代的次数、每个迭代的延续时间以及目标。在每一次迭代的起始阶段都制订详细的迭代计划及具体的迭代工作流。每次迭代过程都生成该次迭代的版本，作为下次迭代的基础。在迭代结束前，都应执行测试工作评估该迭代过程，为下一次迭代做准备。迭代不是重复，而是针对不同用例的细化和实现。

第3章 面向对象的需求分析

需求获取是关于开发者、客户和用户之间为了定义新系统功能和性能而进行的沟通过程。在需求获取过程中，对所犯错误进行修改和纠正，将花费高昂的代价，这是因为这些错误通常在开发过程的后期才被发现，这就常常导致交付延迟。这类错误包括丢失的系统功能、不正确的功能描述、对需求的误解和不合适的用户界面等。

需求获取包括三个主要活动：①收集需求，需求师与用户、客户沟通，对领域问题进行描述，产生问题描述文档；②组织验证需求，以问题描述文档为基础，开发者对问题进行整理、验证，写出完整的、正确的、无二义性的需求文档（即用户规格说明书）；③对需求建模，对需求文档进行形式化表示，即用用例模型和用例规格描述系统功能，用对象模型描述业务实体及其关系。

3.1 需求分析概述

1. 需求分析概述

需求分析是软件开发的基础和前提，也是最终目标软件验收的标准。进行需求分析可以避免或者尽早地剔除早期的错误。虽然在可行性研究阶段，也进行了用户需求的分析，但是只是粗略地进行了分析，很多的细节部分都被忽略了，而需求分析比较详细地对用户的需求进行了分析，更加精确、细致地回答了目标系统必须做什么。通常在进行软件开发的过程中，往往由于需求分析的不足，而最终导致项目的失败。据统计，超过60%的失败项目都是由于项目需求不明确或错误而造成的，由此可见，对软件进行需求分析是很有必要的。

2. 需求阶段的任务和目标

需求阶段要解决的问题，是让用户和开发者共同明确将要开发的是一个什么样的系统。具体而言，需求分析主要有两个任务：①通过对问题及其环境的理解、分析，建立分析模型；②在完全弄清用户对软件系统的确切要求的基础上，通过编写需求文档把用户的需求表达出来。

（1）建立分析模型。一般地说，现实世界中的系统不论表面上怎样杂乱无章，总可以通过分析与归纳从中找出一些规律，再通过"抽象"建立起系统的模型。分析模型是描述软件需求的一组数据。由于用户群体中的各个用户往往会从不同的角度阐述他们对原始问题的理解和对目标软件的需求，所以，有必要为原始问题及其目标软件系统建立模型。这种模型一方面用于精确地记录用户对原始问题和目标软件的描述；另一方面，也将帮助分析人员发现用户需求中的不一致性，排除不合理的部分，挖掘潜在的用户需求。这种模型往往包含问题及其环境所涉及的信息流、处理功能、用户界面、行为模型及设计约束等。它是形成需求说明、进行软件设计与实现的基础。

（2）导出系统的逻辑模型。需求说明文档应该具有准确性和一致性，因为它是连接计划时期和开发时期的桥梁，也是软件分析与设计的依据。任何含混不清、前后矛盾或者一个微小的错漏，都可能导致误解或铸成系统的大错，在纠正时付出巨大的代价。需求说明文档应该具有清晰性且没有二义性。因此它是沟通用户和系统分析员思想的媒介，双方要用它来表达对于需要计算机解决的问题的共同理解。如果在需求说明中使用了用户不易理解的专门术语，或用户与分析员对要求的内容可以做出不同的解释，便可能导致系统的失败。"需求说明"应该直观、易读和易于修改。为此应尽量采用标准的图形、表格和简单的符号来表示，使不熟悉计算机的用户也能一目了然。

3. 收集需求的方法

收集需求就是用文字描述业务系统的目标。开发者对客户和用户进行访谈等方法，获取用户和客户对业务目标的描述，并写成问题描述文档。

开发者通过访谈、问卷调查、建立联合分析小组、获得用户手工操作流程和快速原型法等方法，获得并记录客户和用户对业务系统的描述。

（1）访谈。访谈是最原始的获取用户需求的技术，也是迄今为止依然广泛使用的需求分析技术。访谈是一个直接与客户交流的过程，可以了解各种用户和客户对软件的要求。

在访谈之前，系统分析员将事先准备好一些具体问题。例如，针对图书馆信息管理系统，可以询问书籍种类划分、读者结束流程和信息反馈时间限制等问题，还可以询问一些开发者的问题。例如，用户对目前正在使用的系统有哪些不满的地方。

在访谈过程中需要分析员注意以下几点：

1）问题应该是循序渐进的，即首先关心概念性、整体性的问题，然后再深入讨论一些细节问题。

2）所提问题不应该限制用户的思维，在访谈过程中分析员要客观公正地与用户和客户进行交流。

3）可以适当使用情景分析技术，它能在某种程度上演示目标系统的行为，从而便于客户的理解，让客户在需求分析过程中始终扮演一个积极主动的角色。

（2）问卷调查。当需要调查大量的人员意见时，可以使用派发问卷调查表的方法收集意见。经过仔细考虑写出的书面回答有时可能比口头回答来得更准确。分析员在阅读汇总了调查表的内容后，再针对性地对某些客户进行交谈，从而提供访谈的效率。比较普遍的做法是，在与用户进行一些简单的交流的基础上制定了调查表，然后再分发给相关的客户组人员填写。

（3）建立联合需求分析小组。由软件开发方和客户方共同组成联合分析小组，是一种很好的需求获取方法，这种方法也称为简易的应用规格说明技术。参加小组的用户也属于分析人员，他们肩负着与需求分析员相同的任务——把系统的需求描述清楚，进而做出一个双方都满意的系统。

联合小组要制订小组工作计划和进度安排，确定专门的记录员和负责人。同时还要选定一种简洁、准确和易于理解的符号，作为共同交流的语言，例如，一些辅以文字说明的流程图及工作表等。有时候，还可以根据需要，在小组内加入一位领域专家。领域专家的作用是在用户和分析员之间建立一座沟通的桥梁。

（4）获取手工操作流程。可以通过观察用户实际的手工操作流程来获取用户需求。观察手工操作过程是为了获取第一手资料，并从中获取有价值的需求。分析人员有了第一手资料之后，再结合自己的软件开发和应用的经验，就可以发现不合理的用户需求，提出用户还没有意识到的潜在的信息，而这些信息却是很有价值的用户需求。

（5）快速原型法。还可以根据系统的特点，使用快速原型法进行需求分析。先快速地建立起一个系统原型，用来演示系统功能。让用户对原型进行评估，根据用户和客户的要求修改原型，把修改后的系统原型再次交给用户评估，如此循环多次，获得用户最终准确的需求。

快速原型法应注意事项：

1）系统原型应该是实现用户看得见的功能。例如，可以实现图屏幕显示、打印报表和虚拟的数据查询等功能。

2）构建原型必须快速。构建原型的目的是为了尽快向用户演示未来的系统功能。通过原型，开发人员能快速了解用户对系统功能的要求。

3）原型必须容易修改。原型一般都需要多次修改，有时还可能要循环"使用—反馈—修改"多次，如果修改原型耗费过多的时间，将会增加软件开发的开发成本。

4）选择合适的原型构建技术。先进的快速开发技术和工具是快速原型法的基础。第4代技术（4GT）是一种常用的快速原型工具。它包括众多数据库查询和报表语言、程序、应用系统生成器及其他非过程语言。另外一种比较多用的方法是重用软件构件，使用一些已有的软件构件来装配原型。例如，要得到报表打印功能，只需要找到报表打印模块，简单几行代码就可以加入原型模型系统中，而这些模块可以通过已有开发、购买或网上免费下载等方式获得。

（6）需求分类。系统需求分为功能需求和非功能需求。需求分析员从问题描述中，找出功能需求和非功能需求，并进行整理。

1）功能性需求。功能性需求是指系统能给用户和客户提供的服务，它描述了用户和客户与系统之间的交互。从每个参与者的角度看，系统能给参与者提供哪些服务。在面向对象的方法中，功能需求是由用例模型和用例描述来表示的。

2）非功能性需求。非功能需求描述了系统性能方面的要求。

（7）需求验证。需求分析员书写的系统需求，要由客户和用户进行不断的修改、反馈和确认。需求确认包括检查需求是否完整、一致、无二义性和正确性。如果需求描述了系统所有可能的场景，也包括异常行为，就是说需求是完整的（例如，在一个需求模型中，关于系统的各个方面均被描述）；如果需求规格说明书中，不存在自相矛盾的需求要求，就说需求规格说明是一致性的；如果根据需求规格说明的要求，恰能定义出一个系统，就说需求规格说明是无二义性的（例如，对需求规格说明的解释，如果存在两种或多种解释，则违反了无二义性要求）；如果需求规格说明精确地表示了客户需要的系统，以及开发者倾向构建（例如，需求模型中的任何一个事务，精确地表示了系统的一个方面，并同时满足客户和开发者双方的要求）的系统，就说需求规格说明是正确的。

需求规格说明的正确性和完整性很难建立起来，这一点在系统构建之前尤为突出，编写的需求规格说明书是客户和开发者之间的合约基础，必须由双方进行仔细的确认。

此外，应该对系统的高风险部分功能，建立系统原型进行模拟和检验，以说明该部分的可行性；并从用户处获取反馈意见。

通过对需求进行整理和验证后，得到的需求规格说明书具有完整性、一致性、无二义性和正确性。

3.2 用例模型

用例模型是所有书面用例的集合，同时也是系统功能性和环境的模型。用例模型中可包括UML用例图，以显示用例和参与者的名称及其关系。UML用例图可以为系统及其环境提供良好的语境图，也为按名称列出用例提供了快捷方式。下面介绍一下用例模型中的两个重要概念：参与者和用例。

1. 参与者

参与者（或称为执行者）是任何具有行为的人或事物。参与者和用例通信并且期待它的反馈——一个有价值或可察觉的结果。主要参与者和协助参与者会出现在用例文本的活动步骤中。参与者不仅是人所扮演的角色，也可以是组织、软件和计算机。它们必须能刺激系统部分并接受返回。

在某些组织中很可能有许多参与者实例（例如有很多个销售员），但就该系统而言，他们均起着同一种作用，扮演着相同的角色，所以用一个参与者表示。一个用户也可以扮演多种角色。例如，一个高级营销人员既可以是贸易经理，也可以是普通的营销人员；一个营销人员也可以是售货员。在处理参与者时，应考虑其作用，而不是人或者工作名称，这一点是很重要的。参与者触发用例，并与用例进行信息交换。

通常有以下三种类型的参与者。

1）主要参与者。具有用户目标，并通过使用当前系统的服务完成，例如，收银员。他们是发现驱动用例的用户目标。

2）协助参与者。为当前系统提供服务，例如自动付费授权服务。协助参与者通常是计算机系统，但也可以是组织或人，通过协助参与者可以明确外部接口和协议。

3）幕后参与者。在用例行为中具有影响或利益，但不是主要或协助参与者，例如政府税收机关。幕后参与者的确定，确保确定并满足必要的重要失误。如果不明确地对幕后参与者进行命名，则有时很容易忽略其影响或利益。

2. 用例

在RUP中，用例被定义为一组用力的实例，其中每个实例都是系统执行的一系列活动，这些活动产生了对某个参与者而言可观察的返回值。用例的含义可从下面几方面进行解释。

1）用例是一个自包含的单元。用例与行为相关意味着用例所包含的交互在整体上组成一个自包含的单元。它以自身为结果，而无须有业务规定时间延迟。

2）用例必须由参与者发起并监控。用例必须由参与者发起，由参与者监控，直至用例完成。

3）用例必须完成一个特定目标。可观察的返回值意味着用例必须完成一个特定的业务目标。如果用例找不到与业务相关的目标，则应该重新考虑该用例。

用例是面向目标的，这一点很关键，它们表示系统需要做什么，而不是怎么做。用例还是中立于技术的，因此它们可以应用于任何应用程序体系结构或过程中。

4）用例应该使系统保持在稳定状态。用例应该是系统保持在稳定状态下，它不能只完成一部分，得不到系统处理的最终结果。一个完整的用例必须描述系统在执行了一系列操作之后所达到某种状态，而这种状态不至于触发其他动作的执行。

用例描述了参与者在系统状态下，它不能只完成一部分，得不到系统处理的最终结果。一个完整的用例必须描述系统在执行了一系列操作之后所达到的某种状态，而这种状态不至于触发其他动作的执行。

用例描述了当参与者给系统特定的刺激时系统的活动，也描述了触发用例的刺激本质，包括输入、输出到其他参与者，转换输入到输出的活动。用例文本通常也描述每一个活动在特殊的活动路线时可能的活动和系统应采取的补救措施。

简言之，一个用例就是描述了系统和一个参与者的交互顺序。用例被定义成系统执行的一系列动作，动作执行的结果能被指定的参与者察觉到。用例可以捕获某些用户可见的需求，实现一个具体的用户目标。用例由参与者激活，并由系统提供确切的可观察的值给参与者。

在具体的需求过程中，有大的用例（业务用例），也有小的用例。主要是用例的范围决定的。用例像是一个黑盒，它没有包括任何和实现有关或是内部的一些信息。它很容易就被用户（也包括开发者）所理解（简单的谓语短语）。如果用例不足以表达足够的信息来支持系统的开发，就有必要把用例黑盒打开，审视其内部的结构，找出黑盒内部的参与者和用例。就这样通过不断地打开黑盒，分析黑盒，再打开新的黑盒，直到这个系统可以被清晰地了解为止。采用这种不同层次来描述信息，主要有以下原因：①需求并不是在项目一开始就明确，往往是随着项目的推进逐渐细化。②人的认知往往具有层次的特性，从粗到细、从一般到特殊。采用不同的层次来描述，适于认知的过程。

黑盒用例是最常用和推荐使用的类型，它不对系统内部工作、构建或设计进行描述。反之，它通过职责来描述系统，这是面向对象思想中普遍使用的隐喻主题——软件元素具有职责，并且与其他具有职责的元素进行协作。

在需求分析中避免进行"如何"的决策，而是规定系统的外部行为，就像黑盒一样。此后，在设计过程中创建满足该规格说明的解决方案。用例的黑盒风格和非黑盒风格比较见表3-1。

表3-1　用例的黑盒风格与非黑盒风格比较

黑盒风格	非黑盒风格
系统记录订单信息	系统对录入订单信息生成SQL INSERT语句……

用例不是面向对象的，编写用例时不会进行面向对象分析。但这并不妨碍其有效性，用例可以被广泛应用。也就是说，用例是经典面向对象分析与设计的关键需求输入。

3.2.1　用例的描述形式

用例是一种编写形式，它可用于多种形式。例如，用来描述一个业务工作过程，或用来集中讨论未来系统的需求问题。用例作为系统的功能性需求将系统分析结果文档化，可能被应用在小型的集中的工作组中，也可能被应用在大型的分散的工作组中。每种情况下提倡的编写风格都会有所差异。项目开始阶段中识别出的各个事件必须由用例来满足。一个用例可以满足许多事情，因此一个用例可能有多个路径。路径是为满足参与者的目标而必须进行的步骤的集合。收集有关用例可能有多个路径。路径是为满足参与者的目标而必须进行的步骤的集合。收集有关用例的高层信息，这里所包含的大部分内容都是资料性的，描绘了用例的总体目标。

用例文档是一个按照项目开发者提前定义的格式来创建的文档，有很多格式模板。模板将文档分为几部分，并且引入其他写作惯例。用例文档就是用户需求。

用例有以下三种常用形式，它能够以不同的形式化程度或格式进行编写。

（1）摘要。简洁的一段式概要描述，通常用于主成功场景。在早期需求分析过程中，为了快速了解主题和范围，经常使用摘要式用例描述。可能需要花费几分钟编写即可完成。

（2）非正式。非正式的段落格式。用几个段落覆盖不同场景。一般也是在需求分析早期进行使用。

（3）详述。详细编写所有步骤及其各种变化，同时具有补充部分，如前置条件和成功保证。确定并以摘要形式编写了大量用例后，在第一次需求讨论中，详细地编写其中少量的具有重要架构意义和高价值的用例。表3-2给出了详述形式的用例模板中所包含的主要内容。

表3-2中各部分的含义如下。

1）范围。范围界定了所要设计的系统。通常，用例描述的是对一个软件系统（或硬件加软件）的使用，这种情况下称为系统用例。在更广义的范围上，用例也能描述顾客和有关人员如何使用业务。这种企业级的过程描述称为业务用例。

表3-2 用例模版内容

用例的不同部分	注 释
用例名称	以动词开始
范围	要设计的系统
级别	"用户目标"或是"子功能"
主要参与者	调用系统,使之交付服务
涉众及其关注点	关注该用例的人及其需要
前置条件和后置条件	值得告诉读者的,开始前必须为真的条件
成功保证	值得告诉读者的,成功完成必须满足的条件
基本流程	典型的、无条件的、理想方式的成功场景
分支流程	成功或失败的替代场景
特殊需求	相关的非功能性需求
技术和数据变元素	不同的I/O方法和数据格式
发生频率	影响对实现的调查、测试和时间安排
杂项	例如未解决问题

2)级别。用户目标级别是通常所使用的级别,描述了实现主要参与者目标的场景,该级别大致相当于业务流程工程中的基本业务流程。子功能级别用例描述支持用户目标所需的子步骤,当若干常规用例共享重复的子步骤时,则将其分离出来,创建为子功能级别用例,以避免重复公共的文本。

3)主要参与者。调用系统服务来完成目标的主要参与者。

4)涉众及其关注点。它建议并界定了系统必须完成的工作。用例应该包含满足所有涉众关注点的事务。在编写用例其余部分之前就确定涉众及其关注点,能够使项目小组更加清楚地了解详细的系统职责。涉众及其关注点的例子如下:

> **涉众及其关注点**
> 收银员:希望能够准确、快速地输入,并且没有支付错误,因为如果少收货款将从其薪水中扣除。
> 售货员:希望自动更新销售提成。

5)前置条件和后置条件(成功保障)。不要被前置条件和后置条件所烦扰,除非要对某些不明显却值得重视的事物进行陈述,以帮助读者增强理解,不要给需求文档增加无意义的干扰。也就是说,在绝大部分情况下,不需要对这部分内容进行描述。

前置条件:给出在用例场景开始之前,必须永远为真的条件。在用例中不会检查前置条件,前置条件总是被假设为真。通常,前置条件隐含已经成功完成的其他用例场景,例如"登录"。要注意的是,有些条件也必须为真,但是不值得编写出来,例如"系统有电力供应"。前置条件传达的是应该引起读者警惕的那些值得注意的假设。

后置条件:给出用例成功结束后必须为真的事务,包括主成功场景及其替代路径。

该保证应该满足所有涉众的需求。

前置条件和后置条件的例子如下：

> **前置条件**：收银员必须经过确认和认证
> **后置条件**：存储销售信息。准确计算税金。更新账务和库存信息。记录提成。生成票据。

6）基本流程（主成功场景和步骤）。用例中最常见的路径。该路径中所有内容都产生正面结果。

7）分支流程（扩展）。分支流程描述了其他所有场景和分支，包括成功和失败路径。成功的分支路径产生正面结果，但发生的频率低于主路径。

8）特殊需求。如果有与用例相关的非功能性需求、质量属性或约束，那么应该将其写入用例。其中包含需要考虑的和必须包含在内的质量属性（如性能、可靠性和可用性）和设计约束（通常用于I/O设备）。特殊需求的例子如下：

> **特殊需求：**
> 使用大尺寸平面显示器触摸屏UI。文本信息可见性为1 m。
> 90%的信用卡授权响应时间应小于30 s。
> 支持文本显示语言的国际化。
> 在步骤3）和步骤7）之间能够加入可插拔的业务规则。

9）技术和数据变元素。需求分析中通常会发现一些技术变元，这些变元是关于如何实现系统的，而非实现系统的哪些功能。这些变元需要记录在用例中。常见的例子是，涉众指定了关于输入或输出技术的约束。例如，涉众可能要求"POS系统中必须使用读卡器和键盘来支持信用卡账户"。要注意的是，以上都是在项目早期进行的设计决策或约束。一般来说，应该避免早期不成熟的设计决策，但有时候这些决策是明显的或不可避免的，特别是关于输入/输出技术的决策。

虽然在详细设计过程中，系统分析人员需要描述用例的许多要素，但是还应该清楚什么是用例最根本的东西，什么是使用用例最根本的目的，这就是对场景的描述。实际中使用的要素看项目的大小而定。把大把的时间花在用例的描述上是没有什么意义的。用户需要的是一个软件系统，并不是一大堆的用例说明。而且（在有些情况下），单独列取得用例要素内容实际上已经包含在用例文本描述中了。例如，用例的后置条件实际上已经隐含在用例基本路径中对系统响应的描述中了。因此，用例的描述形式在大多数情况下，采用非正式形式足以表达意图，除非有重要的必须要记录的约束内容，将以详述的形式出现。

3.2.2 用例图

用例图是一种UML技术，可用于可视化用例、参与者以及它们之间的联系。可视化图形可以帮助系统分析人员和用户简化对用例的理解，也可以采用流程图、序列图、Petri网或程序设计语言来表示用例。但从根本上来说，用例是文本形式的。所以需要强调的是，用例不是图形，而是文本。用例建模主要是编写文本的活动，而非制图。初学者常见的错误就是注重于次要的UML用例图，而非重要的用例文本。

用例图是一种优秀的系统语境图。也就是说，用例图能够展现系统边界、位于边界之外的事务以及系统如何被使用。用例图可以作为沟通工具，用以概括系统及其参与者的行为。

用例可以通过关联和泛化关系或者两个构造型关系<<include>>和<<extend>>连接在一起。<<include>>关系表示一个业务用例的执行总是涵盖所包含业务用例（子用例）的所有功能。也就是说，该业务的执行依赖于子用例的执行，如果没有子用例则业务用例的执行是不完整的。例如，用例"预定航班"与子用例"支付费用"，如果用户要预订航班则必须支付费用以保证航班预定的有效性，否则预定航班的过程不完整，不能够最终完成预定的功能。<<extend>>联系表示一个业务用例的执行有时需要对用例的功能进行扩展。也就是说，这个业务用例的执行不依赖于该子用例，没有子用例的存在该业务用例仍能达成自己的任务目标。例如，子用例"为飞行常客预定航班"扩展了用例"预定航班"。用户在正常情况下使用"预定航班"就可以完成自己的目标。在特殊情况下，如果用户是经常乘坐飞机的乘客，则可以使用"为飞机常客预定航班"用例，可以使用专门针对飞行常客的一些优惠政策，完成特殊情况的处理。<<include>>和<<extend>>联系总是单向的，以指出包含和扩展的方向。<<include>>中被包含的子用例指向父用例。<<extend>>中父用例指向扩展的子用例。图3-1给出了UML图中对用例的描述形式。

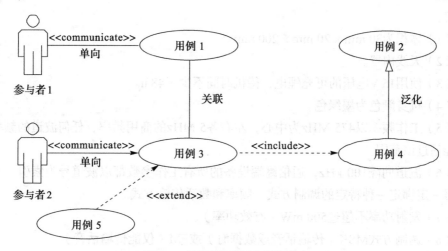

图3-1 用例模型类元之间的联系

用例是相互连接的，因为它们需要通过合作来完成系统任务。但是如果标出所有的联系将扰乱模型的意图。因此，用例在绘制时可以设定一定的层次。例如，高阶用例用来描述系统的基本用例，使用用户级用例来描述分解后用例之间的关系，但这种联系仍然是有限的。只标出一些选定的联系将带来一个问题，为什么这些联系比其他的联系更重要呢？这就是系统分析人员必须明确的用例的最根本描述形式是用例文本，图形是次要的辅助手段，要谨慎使用联系。

3.3 开发实例

本节介绍一个"军用通信终端设备"。该"军用通信终端设备"不但具备简单的数据发射功能，而且还能接受总线（比如以太网）控制（这类似于机载电台接受航电1553B总线的指令控制），甚至通过总线（比如RS232）报告状态（这类似机载电台向显示系统报告当前的工作状态）。实例就是驻留于该"军用通信终端设备"内的控制或状态响应软件。

完成开发实例实际上是对上述实现方法的实践检验。基本上，军用通信终端设备实例的实现不会超出实现方法的过程描述范围。相反，由于实例本身的功能限制，规模不大，所以实现方法中的某些部分开发实例未必能完全覆盖，但是所有的主要方法都会覆盖。本章节的后续部分将从系统的需求开始，结合实践方法、辅以UML工具和嵌入式开发平台逐步完成开发实例。

3.2.1 实例需求

某公司需要一种高级通信终端设备现有市场上没有满足该要求的通信终端，因此该公司决定通过市场招标定制。系统公司获得该消息后，紧急联系对方市场采购部，经系统公司市场调研人员与该公司相关技术人员和采购人员充分交流后整理得到的流水信息：

（1）体积为30 mm × 20 mm × 200 mm。

（2）天线内置。

（3）使用15 V电压的可充锂电，待机时间不少于48 h。

（4）机身颜色为墨绿色。

（5）工作频率以475 MHz为中心，左右各5 MHz的商用频率，任何波道的频率覆盖都不能超过该范围。

（6）波道间隔100 kHz，通信终端设备的所有工作参数都以波道号为索引，每一个波道号一定绑定一种特定的调制方式、频率和数话传输方式。

（7）发射功率不超过500 mW（有效功率）。

（8）调制方式MSK（传输话音或数据时）或FM（仅能传输话音）。

（9）灵敏度不低于2 μV。

（10）需采用超外差二次变频技术，镜频和中频抑制应优于50 dB。

（11）连续发射时间不超过5 min。

（12）通信终端设备工作于半双工，呼叫采用PTT方式，即按下就说。

（13）通信终端设备设"远程""本地"控制按钮。当接收信号比较弱时，可以手动将该按钮放在"远程"指示处，此时能固定增加10 dB的接收射频前端增益，从而增强信号的强度；当接收信号过强时，可以手动将该按钮放在"本地"指示处，此时能固定减少10 dB接收射频前端增益，从而降低输入信号强度。

（14）该通信终端设备拥有以太网接口和RS232接口。

（15）可以通过以太网接口控制该通信终端设备，所有在通信终端设备面板上可操作的功能都可通过连接在以太网接口上的控制软件（运行在通用PC平台，操作系统为Windows）完成。不仅如此，该控制软件还可以将在本软件上编辑的预置参数直接加载到通信终端设备。还有，该通信终端设备具有自动发射来自控制软件的数据的能力，此时的PTT是由通信终端设备自动控制的。

（16）控制软件可以在通信终端设备开机的任何情况下修改通信终端设备的当前波道、当前工作频率、调制方式、数话方式及远程/本地控制；修改通信终端设备当前波道时，如果送到通信终端设备的工作频率、调制方式和数话方式无效，则采用该波道对应预置参数（修改通信终端设备当前工作方式不影响已预置的工作参数）。

（17）通信终端设备可以通过RS232接口向状态软件（运行在通用PC平台，操作系统为Windows）报告通信终端设备当前的状态，比如工作频率、调制方式、数据还是话音方式；当PTT动作时还应传送PTT的状态（ON，OFF）；状态软件收到通信终端设备的状态信息时应点亮一个正常工作状态指示灯，如果状态软件超过2 s没有收到通信终端设备的状态信息，表明通信终端设备关机或故障，此时熄灭工作状态指示灯；通信终端设备向状态软件发送当前状态的时间间隔是1 s；通信终端设备报告状态时应包含接收机的当前收增益。

（18）通信终端设备控制系统具备保存预置参数的能力，通信终端设备在没有预置参数前所有预置波道的参数预置为470.050 MHz（工作频率）、MSK（调制方式）及话音工作状态。

（19）通信终端设备控制响应系统具备断电后恢复到掉电前工作参数的能力。

3.2.2　实例分析

从以上描述的需求来看，分条提出了包含对整个设备系统的软硬件需求。有的是对系统硬件的需求，有的是对系统软件的需求，还有的条款既规约了硬件也规约了软件。对3.3开发实例来说，仅关心对软件的规约。经分析发现，条款(5)(6)(8)(12)(13)(14)(15)(16)(17)(18)(19)是对软件提出的需求。实际上，在这些条款中间接给出了某些隐含信息，比如波道数可以通过条款(5)(6)计算如下：

波道总数$=[（475\,MHz+5\,MHz）-（475\,MHz-5\,MHz）]/100\,kHz=$

100个频点$F_n=（475\,MHz-5\,MHz）\times1000+（n-1/2）\times100\,kHz（n=1, 2, \cdots, 100）$

软件是需要运行的载体的，因此不得不考虑使用什么样的嵌入式CPU，此时需要软硬件综合考虑，既要满足客户规定体积和功耗，同时也要满足软件的运行需要，本例仅是一通信终端设备的模拟控制软件，因此在使用上并不需要做多大的折中，实例中选取Intel公司的Pentium Ⅲ（主频933 MHz）CPU。

此外，为满足通信要求，在计算机上增加一张3Com905 B 10 M / 100 M自适应网卡和通用RS232串行接口；为满足保存预置参数和掉电后恢复工作参数的功能，还需要一块能保留足够数据的硬盘或电子盘，更不用说还有操作系统调度所必不可少的定时器或时钟，关于这些硬件功能的描述均属硬件设计范畴，不在软件设计考虑之列。

注意到需求中提及的控制软件（运行在通用PC机上控制通信终端设备）和状态显示软件（运行在通用PC上显示通信终端设备的当前工作状态）。为更好地理解系统，综合上述信息可以运用UML工具Rhapsody粗略地画出如图3-2所示的与通信终端设备控制系统相关的整个大系统体系结构图。该图显示出了通信终端设备控制系统在整个大系统中的位置及与其他子系统的关联关系，这就清晰地获得了系统分析过程中的最顶层印象，其中背景为阴影的Interphone Control Subsystem就是实例中需要实现的"机载嵌入式系统软件"。

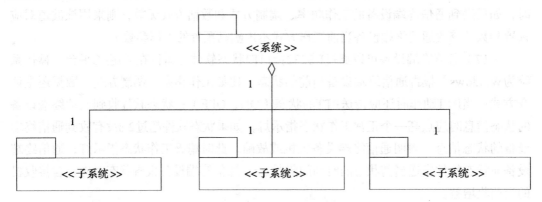

图3-2　通信终端设备控制系统体系结构图

1. 需求分析

（1）捕获用例。捕获用例通常有两种办法：一种是直接从纷繁复杂的需求中提炼出一个个原始的功能，然后对这些功能分类归并整合并理清其相互间的关系，最后根据一些"边际"功能找出系统外部的参与者（UML中称为Actor），最终形成一份完整的功能视图，捕获过程有点类似"自底向上"的设计思想；与第一种方法完全不同，另一种需要首先抽象出外部参与者，然后再加外部参与者找到"边际"功能，最后通过"边际"功能进一步挖掘和提炼出各种子功能，并在"边际"功能和精炼后的各个子功能间形成关联，最终还是产生一份完整的功能视图。只不过后者的捕获过程运用的是"自顶向下"设计思想。两种方法无绝对的优劣之分，选取何种方法完全视不同分析人员的个人喜好而定。

在本例中采用后一种方法。系统外部参与者可以是人，可以是外部的软件，甚至可以是一切可能的其他有线或无线外部刺激。对通信终端设备的控制响应系统来说，根据(15)条通信终端设备控制响应系统首先得接受PC控制软件的控制，于是第一个系统外部参与者找了出来，那就是控制参与者（actor_control）；接下来，需求的（17）条表明通信终端设备将周期向PC状态显示软件报告当前的状态，这样就找出了第二个系统外部参与者：状态参与者（actor_status）。为简化设计和更接近真实的机载电子设备，捕获用例的过程忽略通信终端设备自身手持面板的操作，否则还应多一个系统外部参与者——持机操作员。

上述分析得到两个系统外部参与者，然后以两个系统外部参与者为线索，更进一步从流水账似的需求分析中知道：actor_control必须实现预置通信终端设备工作参数、修改通信终端设备当前工作参数、发送原始数据这三项工作；actor_status则需要完成通信终端设备上报状态的显示处理。图3-3所示是对系统进行初步捕获成果的总结。

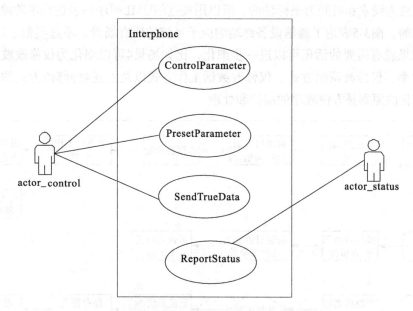

图3-3　通信终端设备控制响应子系统顶层用例图

很显然，用例的捕获并没有到此结束，像控制参数（Control Parameter）、预置参数（Preset Parameter）这样的用例还显得过分粗糙，完全有必要进一步细化。细化后通信终端设备控制响应系统的用例图如图3-4所示。

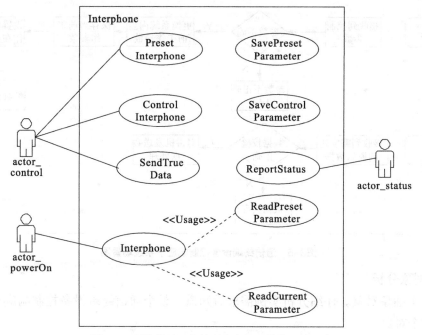

图3-4　通信终端设备控制响应子系统详细用例图

（2）挖掘场景。通常以"黑盒子"形式创建的顺序图代表一个用例执行时发生的场景，这样场景就以整体的形式描述系统的行为。由于在需求分析阶段仅得到不同功能对应的用例，还没有分析出基本的对象模型，而用UML工具画顺序图是严格以对象为生命线、消息为线索和时间为坐标轴的，所以用规范的UML顺序图表达在本阶段场景几乎是不可能的。图3-5表达了通信设备终端响应子系统的所有场景，不过类似于场景4这样的场景如果确有需要的话还可以进一步细化，比如场景4可以细化为仅修改波道、仅修改工作频率、仅修改调制方式、仅修改数话工作方式以及上述4种修改方式的其他任意组合。细化的原则是方便程序的维护和处理。

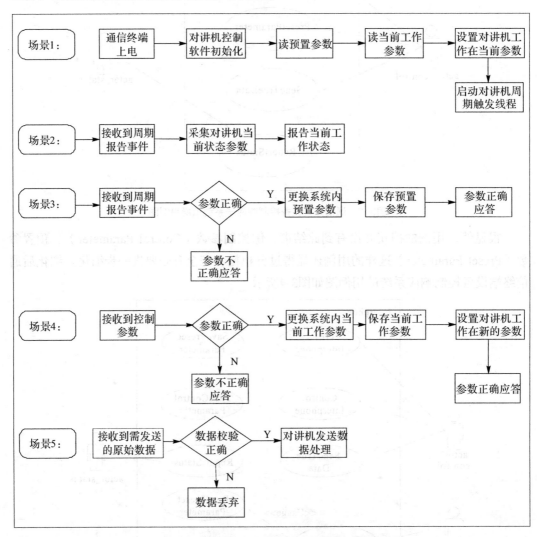

图3-5 通信终端设备控制响应子系统场景图

2. 对象分析

（1）抽象对象。仔细分析实例需求后知道，整个通信终端设备控制响应子系统至少包括5个对象。

1）串行接口通信对象（Com Commuication）。该对象职责是完成串行接口收发通信功能。

2）以太网通信对象（Ethernet Commuication）。该对象职责是完成以太网的收发通信功能。

3）数据存储对象（Data Storage）。该对象职责是完成预置参数、控制参数（当前参数）的保存和读取。

4）数据处理对象（Data Process）。该对象职责是完成对预置参数、控制参数、传输数据及周期状态报告事件的响应处理。

5）周期事件产生对象（Time Process）。该对象职责是实现周期上报事件的产生。

对5个对象反复斟酌，每个对象的规模基本合适，因此不再对每个对象进行细分。将抽象出的对象表达在对象模型中，如图3-6所示。

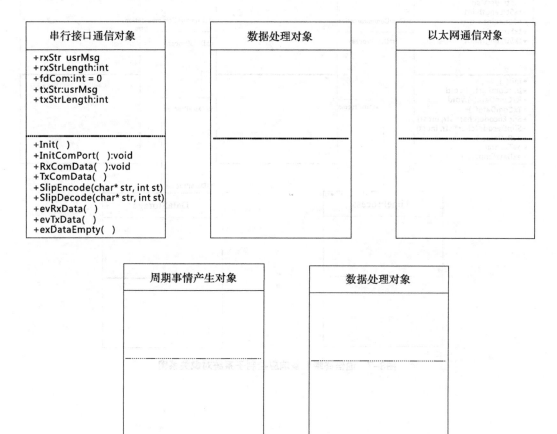

图3-6 通信终端设备控制响应子系统对象模型图

（2）建立对象间关系。对象间的关系包括关联、泛化、聚合和组合（一种特殊的聚合关系）。在本例中仅存在关联关系，建立这些关联关系的目的是实现不同对象间相互通信，本质是"全局变量"，手段是"指针"。

建立不同对象间的关联关系是显而易见的，并且不同对象在小范围表现出中心辐射特征。在本例中数据处理对象就是核心对象或中心对象。所有关联关系表述如下：

1）数据处理对象与串行接口通信间存在通信，通信方向是双向的，关联端的重数为1。

2）数据处理对象与以太网通信对象间存在通信，通信方向是双向的，关联端的重数为1。

3）数据处理对象与数据存储对象存在通信，通信方向是双向的，关联端的重数为1。

4）数据处理对象与周期事件产生对象间存在通信，通信方向是单向的，消息的始发端是周期事件产生对象，周期事件产生对象到数据处理对象端的重数为1。

根据归纳得到的对象间的相互关系表达在对象模型图中，如图3-7所示。

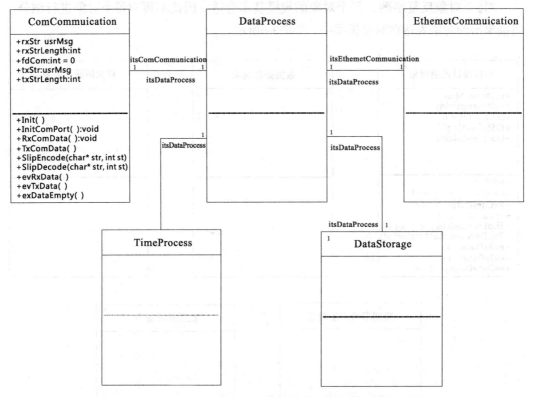

图3-7　通信终端设备响应控制子系统对象关系图

第4章 面向对象设计

4.1 设 计 概 述

面向对象设计主要为设计一个满足需求的解决方案，这个方案能够通过软件或硬件实现，提出设计思想。它强调定义软件对象（确定对象应该包含哪些属性和方法），并确定对象间的协作关系以实现需求。

面向对象设计主要包括系统设计与对象设计。系统设计将需求模型映射为系统设计模型，对象设计主要对模型包含的类进行设计。系统设计活动如图4-1所示。

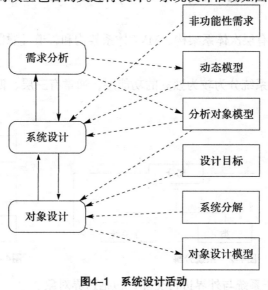

图4-1 系统设计活动

设计过程中，开发者需要在多个设计目标中做出折中选择，设计活动包括若干子活动，每个活动都专注于某个子部分，其主要包括以下3项任务。

（1）确定系统设计目标。开发者定义系统质量要点，根据系统需求设计系统体系架构，并根据设计的体系架构结合用例和分析模型将系统分解为多个子系统。

（2）迭代求精子系统以实现设计目标。对系统的最初分解大都不能满足系统的设计目标。从系统到子系统的映射，子系统到对象模型的映射活动进行多次迭代求精，直到满足所有设计目标。

（3）对系统与子系统中包含的对象进行设计，确定对象接口。优化类之间的关系和确定第三方构件。

在面向对象程序设计中，主要设计任务为架构设计以及子系统和类设计。下面分别对系统架构设计与子系统和类设计进行介绍。

4.2 架 构 设 计

系统架构设计是对系统的初步设计，用以明确系统设计目标，主要是利用比较抽象的语言对整个需求进行概括，确定对系统的物理配置，确定整个系统的处理流程和系统的数据结构，接口设计等，实现对系统的初步设计。系统体系架构涉及系统分解、全局控制流、边界条件处理和子系统之间的通信协议等内容。

在设计中，开发者根据子系统功能定义子系统接口，在对象设计时，根据子系统接口定义对象接口。随后，开发者需要考虑系统质量特性：耦合与内聚。耦合用于度量子系统间的依赖程度；内聚用于度量子系统中类之间的依赖程度。理想的系统分解需要做到低耦合高内聚。最后需要讨论分层与划分即两种使子系统相互联系的技术。分层是将系统看成由多个子系统按一定层次组织起来的，每一层通过使用低层子系统提供的服务。划分是将多个子系统组合为多个对等的实体，这些对等的实体相互提供服务。系统分解如图4-2所示。

主要的体系架构有层次体系架构、MVC体系架构和管道过滤器体系架构等。

1. 层次体系架构

层次体系架构将系统分为较为独立的功能层，通常有三层、四层架构。三层架构如图4-3所示。

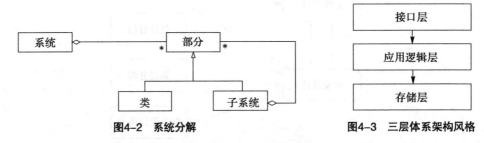

图4-2　系统分解　　　　　　　图4-3　三层体系架构风格

（1）接口层用于系统与外界进行交互，包括边界对象。

（2）应用逻辑层包括系统逻辑运算与处理，实现处理、规则检查和应用程序所需要的通知。

（3）存储层实现对持续性对象的存储、检索和查询。

2. 管道过滤体系架构

在管道过滤体系架构中，系统处理来自输入的数据并通过输出将结果发送到其他子系统。子系统被称为"过滤器"子系统间通过"管道"连接。每个过滤器只从输入管道接收数据，多个过滤器并发执行，并通过管道完成同步。

如图4-4所示为管道过滤器体系架构风格。过滤器可以有多个输入和输出，一个管道连接一个过滤器的输出和另一个过滤器的输入。

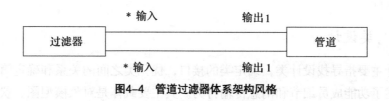

图4-4 管道过滤器体系架构风格

4.3 子系统和类设计

4.3.1 子系统设计

子系统设计是设计确定的软件架构以及分解完成的系统对各子系统分别进行继续的分解求精并指定子系统实现策略。这一阶段的主要工作是对子系统进行迭代设计，完成以下设计流程，如图4-5所示。

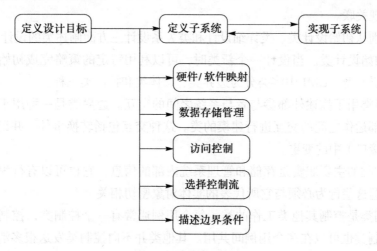

图4-5 子系统设计过程

（1）将子系统部署到硬件平台。对子系统选择合理的硬件平台和系统配置，确保将子系统部署到多台计算机上，并设计相应的基础设施，以支持子系统间的通信。

（2）选择存储管理策略。设计数据架构并合理选择存储方式和存储位置，保证数据的有效存储与读取。

（3）提供访问控制。对于多用户系统，不同参与者对不同服务与数据具有不同的访问权限，针对不同访问者寻找相关联的用例，确定不同访问权限，建立访问控制模型，可以通过访问矩阵完成对类的访问控制建模。

（4）设计全局控制流。控制流是指某个系统中的动作序列。在面向对象系统中，动作序列包括执行哪些操作，以什么顺序执行。控制流机制主要有三种：过程驱动的控制、事件驱动的控制和线程。

（5）标识边界条件。边界条件决定系统如何启动，如何初始化及如何关闭，还包括在故障条件下如何处理失败。详细设计需要对通常的边界条件进行定义，用以保证系统的正常运行。

4.3.2　类设计

类设计主要指寻找设计类，确定类的接口，优化类之间的关系和确定第三方构件。类设计描述了功能成员细节和消息传输行为。其主要载体是对象模型图、状态图和活动图。其包括四组活动：设计模式、类和接口的规格说明、重构和优化。

（1）设计模式。为实现系统基本功能，开发者需要选择所需类库和额外构建，对类库中的某些类进行扩展，以实现系统所需要的功能。

（2）类的规格说明。一个系统被分解为多个子系统后，子系统的功能又被分解为多个设计类。这些类的规格说明包括以下几点：①确定类包含哪些属性和操作；②确定类、属性、操作的访问权限；③确定属性、操作的数据类型；④确定操作抛出的异常类型。

（3）重构。重构活动包括验证类间继承的合理性，将粒度大的类分解为粒度小的类，重新实现关联。

本节分别从初始设计类、类详细设计和类关系设计三方面阐述类的设计。

（1）初始设计类。当设计一个新类时，可以利用特定的策略完成初始设计。这借助于它的分析原型。UML中将类分为边界类、实体类和控制类三种。

1）边界类用于描述外部参与者与系统之间的交互。边界类是一种用于对系统外部环境与其内部运作之间的交互进行建模的类。这种交互包括转换事件，并记录系统表示方式（例如接口）中的变更。

2）实体类的主要职责是存储和管理系统内部的信息，它也可以有行为，甚至很复杂的行为，但这些行为必须与它所代表的实体对象密切相关。

3）控制类是控制其他类工作的类。每个用例通常有一个控制类，控制用例中的事件顺序，控制类也可以在多个用例间共用。其他类并不向控制类发送很多消息，而是由控制类发出很多消息。

这些是将新类绑定到现有类结构的初始关联，而后在整个类设计中对类进行完善。

（2）类详细设计。对类的设计除了对类关系的设计，还包括类的属性、方法和字段等的设计。这一阶段需要解决的问题是，准确描述对象内的算法细节、数据成员细节、功能成员细节和消息传输行为。记录详细设计成果的载体是对象模型图、状态图和活动图。用对象模型图定义属性的数据结构和合法取值，将行为分解为一组类操作的集合；用状态图在类的层次上定义有限状态机（FSM）并标识传输的消息；用活动图定义算法的行为，重点考虑对操作的调用、操作的序列和分支决策。

对于类属性、方法和字段的介绍在其他报告中说明较多，本书不再赘述，仅对状态机做简单介绍。状态机是用于描述给定类的生命历史，引起对象状态转换的事件，以及由于状态转换所导致的动作的图。状态机强调类实例的事件的有序行为。状态机可归纳为三个要素，即状态、条件、动作。状态是对象的所处状态，条件又称为"事件"。当一个条件被满足，将会触发一个动作，或者执行一次状态的迁移。动作是指条件满足后执行的动作。动作执行完毕后，可以迁移到新的状态，也可以仍旧保持原状态。动作不是必需的，在条件满足后，也可以不执行任何动作，直接迁移到新状态。其状态转移如图4-6所示。

程序从初始状态开始，经事件1触发，迁移到状态1，再经事件2以及条件选择转移到状态2或者终止状态。状态机思想广泛应用于硬件控制电路设计，也是软件上常用的一种处理方法。

这一阶段还须为实现做更底层的决定，比如对象是选择静态还是动态实例化。另外，在详细设计阶段可以开始在不同图的实现对话框中录入额外的代码（这些代码在目前的技术条件下是不能自动产生的），这将在系统中产生更加精细的逻辑对象模型。

在整个设计阶段结束后获得的成果是任务、部署模型、更多精炼的逻辑对象模型。

（3）类关系设计。设计是用模型表示如何实现系统、子系统、类和接口等。设计类主要来自两方面：

1）对分析类精化得到的类。精化主要包括添加实现细节，分析类拆分等。

2）来自解域的类（系统提供的类库）。它属于系统类库和诸如Time、Date等可复用组件，以及如CORBA等组件。

在构建设计类时，需要考虑其是否具有四个基本特征：完整性、充分性、原始性、高内聚和低耦合。

在类设计中，类关系设计是一个重要步骤。它是对需求分析完成后类关系的进一步细化。在面向对象的程序设计中，类之间有6种关系，分别是继承、组合、聚合、关联、依赖和实现。其结构用如图4-7所示。

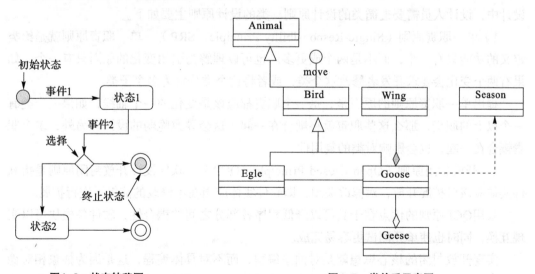

图4-6　状态转移图　　　　　　　　图4-7　类关系示意图

然而在分析中捕获的许多关系不能像图所显示的那样直接用语言实现，因为这种关系是比较抽象的类关系。例如，没有一种OO编程语言能直接支持双向关系、关联类或多对多关系。

这些关系比较抽象，为了创建能用语言直接实现的设计模型，必须对分析阶段的抽象关系进一步细化，说明用语言如何实现这些抽象的关联。

在类关系设计中，开发者主要考虑：①设计类关系。将分析关联关系精化成聚合关系，或精化成组合关系，或父子关系。②把关联精化成设计关系。在将关联精化成聚合或组合后，需要确定关联多重性和角色名称，以及确定导航性，这就是对聚合关系的细化。③将关联关系具体化。对于多对多关联和双向关联等，现有OO语言不能实现这些关系，需要对其进行具体化。

（1）类的非功能需求设计。在完成类的功能设计后，需要进行类的非功能需求的设计，此步骤的目的是确保设计类被细化以处理专门针对项目设计指南中所述的一般非功能性需求（即确保映射到该类的所有机制已被考虑在内）。

所谓非功能性需求，是指软件产品为满足用户业务需求而必须具有且除功能需求以外的特性。软件产品的非功能性需求包括系统的性能、可靠性、可维护性、可扩充性和对技术和对业务的适应性等。下面对其中的某些指标加以说明。

1）系统的完整性指为完成业务需求和系统正常运行本身要求而必须具有的功能，这些功能往往是用户不能提出的。典型的功能包括联机帮助、数据管理、用户管理、软件发布管理和在线升级等。

2）系统的可扩充性与可维护性指系统对技术和业务需求变化的支持能力。好的软件设计应在系统架构上考虑能以尽量少的代价适应变化。

3）系统的适应性与系统的可扩充性强调在不进行系统设计修改的前提下对技术与应用需求的适应能力，软件产品的适应性通常表现为产品的可配置能力。

（2）类设计原则。为保证类具有良性的依赖关系以及应付变更的能力，在对类的设计中，设计人员需要遵循类的设计原则。类的设计原则主要如下。

1）单一职责原则（Single-Responsibility Principle，SRP）。单一职责原则就是给类定义的功能只有一个，而不是两个或更多。也可以理解为引用变化的原因只有一个，如果有两个变化会要求开发者修改这个类，或者将这个类分解为多个子类。

提出单一职责原则的原因是，每一个职责都应该是变化的一个轴线，如果一个类有一个以上的职责，那么这些职责就将耦合在一起。这会导致脆弱的设计。另外，多个职责耦合在一起，也会影响对类的复用性。

2）开放封闭原则（Open-Closed Principle，OCP）。软件设计开放封闭原则是指软件实体应该对扩展开放，对修改关闭，即软件实体应当在不修改的前提下进行扩展。

采用OCP原则的优点在于其可以降低程序各部分之间的耦合性，软件各模块可以实现互换，同时也使单元测试更容易完成。

实现开放封闭的核心思想就是对抽象编程，而不对具体编程，这是因为抽象相对稳定。让类依赖于固定的抽象，所以对修改就是封闭的；而通过面向对象的继承和多态机制，可以实现对抽象体的继承，通过覆写其方法来改变固有行为，实现新的扩展方法，所以对于扩展就是开放的。

3）Liskov替换原则（Liskov-Substitution Principle，LSP）。如果对于类型S的每一个对象o1，都有一个类型T的对象o2，使对于任意用类型T定义的程序P，将o2替换为o1，P的行为不变，则称S为T的一个子类型。Liskov替换原则又称里氏替换原则。对于这个原则，通俗一些的理解就是，父类的方法都要在子类中实现或者重写。

程序在调用某一个类时，实际上是对该类的整个继承体系设定了一套约束，继承体系中的所有类必须遵循这一约束，即前置条件和后置条件必须保持一致。这为对象继承加上了一把枷锁。如图4-8所示，其基类Base Class有三个子类和若干属性与方法。在其三个子类中SubClass1，SubClass2，SubClass3有各自的属性与方法，但是三者都必须保证基类中的方法的实现或者重写。

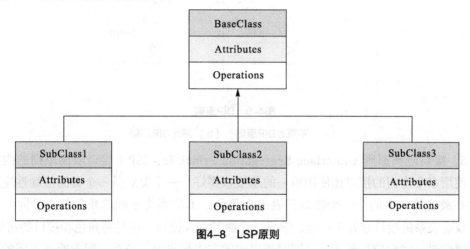

图4-8 LSP原则

显然，LSP原则对于约束继承的泛滥具有重要意义。在设计过程中，LSP原则的约束也保证了系统良好的扩展性，有利于实现契约式编程。

4）依赖倒置原则（Dependency-Inversion Principle，DIP）。依赖倒置原则指要依赖于抽象，不要依赖于具体。集倒置原则要求客户端依赖于抽象耦合。抽象不应当依赖于细节；细节应当依赖于抽象。要针对接口编程，不针对实现编程。

依赖倒置原则基于这样一个事实：相对于细节的多变性，抽象的东西要稳定的多。以抽象为基础搭建起来的架构比以细节为基础搭建起来的架构要稳定得多。抽象指的是接口或者抽象类，细节就是具体的实现类，使用接口或者抽象类的目的是制定好规范和契约，而不去涉及任何具体的操作，把展现细节的任务交给它们的实现类去完成。

如图4-9（a）所示，两个类耦合太紧密，则light发生变化将影响Toggle Switch，可以通过将Light定义为Abstract类来避免紧密耦合的缺点〔见图4-9（b）〕。

将其定义为抽象类结构的优点在于，Toggle Switch依赖于抽象类Light，具有更高的稳定性。而Bulb Light与Tube Light继承Light，可以根据"开放-封闭"原则进行扩展，只要Light不发生变化，Bulb Light与Tube Light的变化就不会波及Toggle Switch。

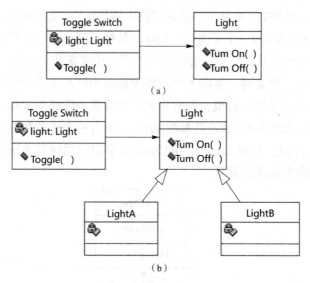

（a）

（b）

图4-9　DIP原则

（a）不满足DIP原则；（b）满足DIP原则

5）接口隔离原则（Interface-Segregation Principle，ISP）接口隔离原则的内涵在于，使用多个专门的接口比使用单一的总接口要好。一个类对另一个类的依赖性应当是建立在最小接口上的。一个接口代表一个角色，不应当将不同的角色都交给同一个接口。没有关系的接口合并在一起，形成一个臃肿的大接口，这是对角色和接口的污染。

通俗讲：接口应尽量细化，同时接口中的方法尽量少。与单一职责原则不同的是，单一职责要求的是类和接口职责单一，注重的是职责，没有要求接口的方法减少，

如图4-10所示，类A通过接口I依赖类B，类C通过接口I依赖类D，如果接口I对于类A和类B来说不是最小接口，则类B和类D必须去实现他们不需要的方法。

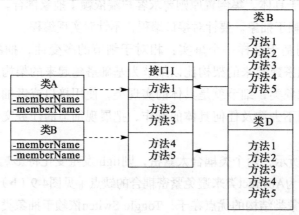

图4-10　复杂接口

为解决这一问题，可以将臃肿的接口I拆分为独立的几个接口，类A和类C分别与它们需要的接口建立依赖关系，也就是采用接口隔离原则，如图4-11所示。

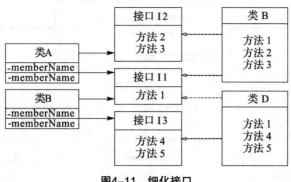

图4-11　细化接口

4.4　设　计　实　例

本书以某军用通信终端的控制响应系统设计为例，分析面向对象的系统设计过程与原则。

经过对通信终端系统的需求分析，将系统分为终端控制子系统、终端状态子系统和控制响应子系统三个子系统。

图4-12所示为对讲机控制系统在整个大系统中的位置及与其他子系统的关联关系，其中Interphone Control Subsystem即控制响应子系统，是通信终端的核心子系统。

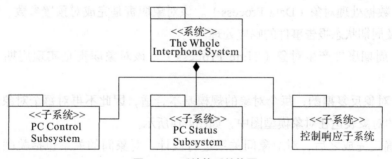

图4-12　系统体系结构图

现在对控制响应子系统进行设计。

军用通信终端控制响应子系统是整个系统的重要组成部分。在架构设计时首先应确定对讲机控制响应子系统由哪些关键架构块组成，并准确给出子系统的边界。从系统需求可知，子系统的关键架构块共四块：对讲机处理器、RS232总线、以太网总线和保存工作参数的硬盘，其中边界可划在RS232接口、以太网接口和硬盘通信接口。这些描述可通过UML的部署图表达（见图4-13）。

对控制响应系统对象进行对象设计，整个对讲机控制响应子系统至少包括以下5个对象。

（1）串行接口通信对象（Com Communication）。该对象职责是完成串行接口的收发通信功能。

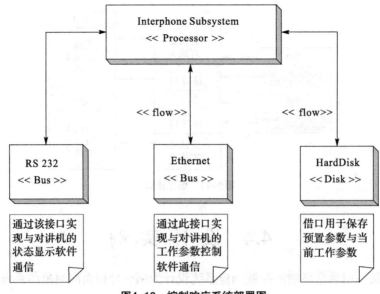

图4-13 控制响应系统部署图

（2）以太网通信对象（Ethernet Communication）。该对象职责是完成以太网的收发通信功能。

（3）数据存储对象（Data Storage）。该对象职责是完成预置参数、控制参数（当前参数）的保存和读取。

（4）数据处理对象（Data Process）。该对象职责是完成对预置参数、控制参数、传输数据及周期状态报告事件的响应处理。

（5）周期事件产生对象（Time Process）。该对象职责是实现周期上报事件的产生。

对5个对象反复斟酌，每个对象的规模基本合适，因此不再对每个对象进行细分。将抽象出的对象表达在对象模型图中，如图4-14所示。

对象确定完成之后，对对象间关系进行设计。对象间的关系包括关联、泛化、聚合、组合（一种特殊的聚合关系）。在本例中仅存在关联关系，建立这些关联关系的目的是实现不同对象间相互通信，本质是"全局变量"，手段是"指针"。

建立不同对象间的关联关系是显而易见的，并且不同对象在小范围内表现出中心辐射特征。在本例中数据处理对象就是核心对象或中心对象。所有关联关系表述如下：

（1）数据处理对象与串行接口通信对象间存在通信，通信方向是双向的，关联端的重数为1。

（2）数据处理对象与以太网通信对象间存在通信，通信方向是双向的，关联端的重数为1。

（3）数据处理对象与数据存储对象间存在通信，通信方向是双向的，关联端的重数为1。

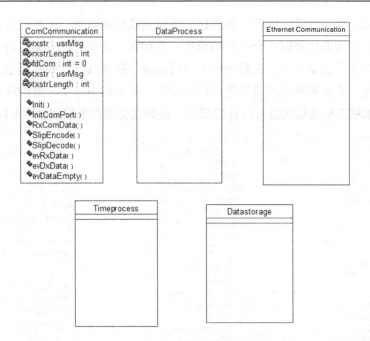

图4-14 控制响应子系统对象模型

（4）数据处理对象与周期事件产生对象间存在通信，通信方向是单向的，消息的始发端是周期事件产生对象，周期事件产生对象到数据处理对象端的重数为1。

根据归纳得到的对象间的相互关系表达在对象模型图中，如图4-15所示。

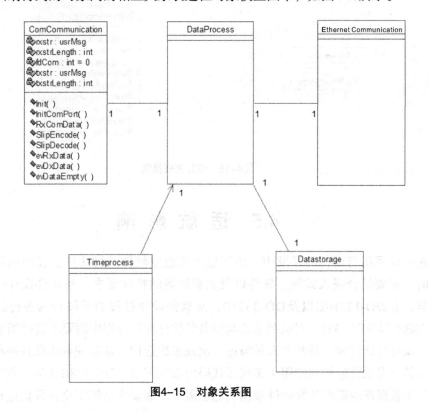

图4-15 对象关系图

　　对象间相互关系设计完成后，需要标记活动类或活动对象。被标记为活动对象的对象在其整个生命周期中将以一个线程的形式一直存在，除非有意或无意将其销毁。本例中数据处理对象是活动对象，在系统整个运行过程中都将以独立调度单位存在，同时需要对对象属性、方法和算法细节等进行详细设计，对本例中每个对象的属性、方法、重要算法及有限状态机将依次进行设计完成后，得到完整的对象模型如图4-16所示。

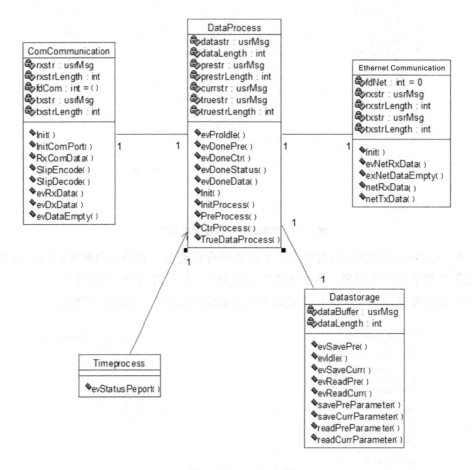

图4-16　设计完成类图

4.5　适航影响

　　在机载系统与设备的开发中，由于嵌入式航空软件的特殊性，在面向对象软件的设计时，需要结合嵌入式航空软件以及机载设备的特殊要求，对软件设计进行更详细的指导，在DO-178B/C以及DO-332中，对软件设计过程的具体行为进行指导。结合DO-178B/C以及DO-332，对机载系统与设备的软件设计过程中的要求进行阐述。

　　在软件设计过程，是开发人员通过一次或多次迭代，逐步完善出软件高层需求，而后根据其开发软件架构和能用于实现源代码的低层需求。DO-178B认为，软件设计过程目标是①根据高层需求开发软件架构和低层需求；②要为系统安全性评估过程提供派生的低层需求。

DO-178B/C采用了与其他关于设计的软件开发文献有所不同的路线，文档解释软件设计包括软件体系架构和低层需求。DO-178C定义低层需求为"从高层需求导出需求以及设计约束开发的软件需求，从它可以直接实现软件源代码而不需要更多信息"。在软件设计过程中，软件低层需求是一个核心的概念，而软件的设计也需要围绕低层需求进行。

在满足预定的转换标准后，设计人员根据高层需求来开发软件架构和低层需求。这个过程可能涉及一个或多个较低层的需求。这个思想与面向对象软件设计中的概要设计、系统分解是相同的。

这个过程的主要依据是包括软件架构和低层需求的设计说明。当其目标和与其有关的综合过程的目标被满足时，软件设计过程就完成了。对软件设计过程的指南如下。

（1）在软件设计过程期间，开发的低层需求和软件架构要符合软件设计标准，并且是可追踪、可验证和一致的。

（2）要定义和分析派生的低层需求，以保证不损害高层需求。

（3）软件设计过程的活动能将可能的失效模式引入软件中，或相反地干扰其他的软件。在软件设计中采用划分或其他架构方法对软件的某些部件可改变软件等级的分配。在这些情况下，将定义附加资料作为派生需求，并把这些资料提供给系统安全性评估过程。

（4）当规定与安全有关的需求时，要监控控制流和数据流，如看门狗定时器、合理的检查和交叉信道比较。

（5）对失效状态的响应要与安全性有关的要求一致。

（6）在软件设计过程中检测到的不合适的或不正确的输入将提供给系统的生存周期过程、软件需求过程或软件测试过程，作为澄清或纠正的反馈。

（7）对失效情况的响应要符合相关安全要求。

（8）应该根据高层需求定义类层次架构。

（9）在任何替代依赖的情况下，都应该使用相关的低层次需求来开发本地类型一致的类层次架构。

（10）应该选择合适的内存管理策略作为软件架构的一部分。

（11）应该确定异常管理策略作为软件架构的一部分。

（12）当重用组件时，所产生的派生需求和所有的现有的功能应该被良好定义。

以上是针对软件设计过程中的一些典型情况的DO-332中的定义，而在机载关键软件的设计过程中，还需要保证低层需求可以追溯到高层需求，软件体系架构应与高层需求兼容和体系架构与目标计算机兼容等一些其他要求。

应当注意的是，现阶段的软件工程不允许通过牺牲复杂性来保证系统安全目标。虽然没有提出明确的要求，软件设计过程应避免复杂性，因为随着软件复杂度的增加，软件将变得更加难以验证设计以及满足安全需求。

DO-332等还对用户可更改软件的设计进行了阐述，用户可更改软件在复杂程度上是可以变化的。例如为了航空器的维护功能，用来选择两设备选项中之一的单个存储位、信息表或能够编程、编译和连接的存储区域。任何等级的软件能包括一个可更改的部件。对设计用户可更改软件的指南如下。

（1）非更改部件要预计保护，以防止非更改部件在安全运行中受到更改部件的干扰。这种保护可用硬件、软件、用于更改的工具或三者的组合来实现。

（2）要表明申请人提供的方法是更改可更改部分的唯一方法。

第5章　面向对象测试过程

5.1　软件测试概述

5.1.1　软件测试的目的

软件测试的目的决定了如何进行组织测试。

Glne Myers在其1979年编著的《软件测试的艺术》一书中认为，程序测试是为了发现错误而执行程序的过程。这一定义明确指出寻找错误是测试的目的。因而，软件测试的目标涵盖：

（1）测试是为了寻找错误而运行程序的过程；

（2）一个好的测试用例是很可能找到至今为止尚未发现的错误的用例；

（3）一个成功的测试是指揭示了至今为止尚未发现的错误的测试。

这说明软件测试的目标是以查找错误为中心，而不是证明软件的正确性。总之，软件测试的目的就是希望能以最少的人力和时间发现潜在的各种错误和缺陷。

5.1.2　白盒测试

白盒测试又称结构测试、逻辑驱动测试或基于程序的测试。这种测试方法假定测试对象的内部是已知的，允许测试者检查测试对象的内部结构，并使用其结构信息来设计测试案例和测试对象是否满足规范的要求，测试者可以完全不考虑测试对象的功能。进行白盒测试所具备的文档有设计文档和程序文档。白盒测试的常用方法是逻辑覆盖。它以程序内部的逻辑结构为基础设计测试用例，根据覆盖测试的目标，分类如下。

1. 语句覆盖

语句覆盖就是设计若干个测试用例，运行所测程序，使得每一可执行语句至少执行一次。与后面介绍的其他覆盖相比，语句覆盖是最弱的逻辑覆盖准则。

2. 判定覆盖

判定覆盖又称为分支覆盖，就是设计若干个测试用例，运行所测程序，使得程序中每个判断的取真分支和取假分支至少经历一次。除了两出口的判断，判定覆盖还应扩充到多出口判断（case语句）情形。分支覆盖是一种比语句覆盖稍强的测试，因为如果通过了各个分支，则各语句也都执行了，但是这还不够充分。

3. 条件覆盖

条件覆盖比判定覆盖测试要强。它要求设计若干个测试用例，使得程序中每个判断的每个条件的可能取值至少执行一次。

4. 判定—条件覆盖

这种覆盖就是设计足够的测试用例，使得判断中每个条件的所有可能取值至少执行一次，同时每个判断的所有可能判断结果至少执行一次。换言之，即要求各个判断的所有可能的条件取值组合至少执行一次。

5. 条件组合覆盖

这种覆盖就是设计足够的测试用例，运行所测程序，使得每个判断的所有可能的条件取值组合至少执行一次。

6. 路径覆盖

路径覆盖就是设计足够的测试用例，覆盖程序中所有可能的路径。一般情况下，路径数量很大，提出即使路径覆盖率是50%，甚至是10%往往也是不现实的。由于路径数目随循环次数呈指数增长，所以简化路径中的循环，化为一次或两次循环，这叫不完全路径。不完全路径的数目不是太大，基本包括了程序的逻辑路径，有一定的代表性。因此实际路径覆盖中的路径指的是不完全路径。对可靠性要求较高的被测对象，要求（不完全）路径覆盖率达到60%～80%。

5.1.3　黑盒测试

黑盒测试又称功能测试、数据驱动测试或基于规格的测试，是一种面向设计的测试。这种测试在完全不考虑测试对象内部结构的情况下，把被测程序当作一个黑盒，根据程序的功能和外部特性得到测试数据。进行黑盒测试在所必须具备的文档有产品描述、用户文档及安装指令。软件的黑盒测试被用来证实软件功能的正确性和可操作性。

典型的黑盒测试一般有下述几种方法。

1. 等价类划分

等价类划分是一种典型的黑盒测试方法。它是把程序的输入域划分成若干等价类，然后从每个部分中选取少数代表性数据当作测试用例。这样就可使用少数测试用例检验程序在一大类情况下的反应。

2. 边界值分析

边界值分析是对等价类划分方法的补充。使用边界值分析方法设计测试用例，首先应确定边界情况。通常输入等价类与输出等价类的边界，就是应着重测试的边界情况，应当选取正好等于、刚刚大于或刚刚小于边界的值作为测试数据，而不是选取等价类中的典型值或任意值作为测试数据。

3. 错误推测法

错误推测法也称为基于错误的测试，这种方法就是人们靠经验和直觉推测程序中可能存在的各种错误，从而有针对性地编写检查这些错误的例子。错误推测法充分发挥人的经验，在一个测试小组中集思广益，方便实用，特别在软件测试基础较差的情况下，很好地组织测试小组进行错误推测，是有效的测试方法。

4. 因果图

等价类划分和边界值分析并没有考虑到输入情况的各种组合，这样虽然各个输入条件单独可能出错的情况已经看到了，但多个输入情况组合起来可能出错的情况却被忽略了。因果图是设计测试用例的一种工具，着重检查各种输入条件的组合。它的基本原理是通过画因果图，把用自然语言描述的功能说明转换为判定表，最后为判定表的每一列设计一个测试用例。

5. 功能图

功能图模型由状态迁移图和逻辑功能模型构成，状态迁移图用于表示输入数据序列以及相应的输出数据，在状态迁移图中，由输入数据和当前状态决定输出数据和后续状态。逻辑功能模型用于表示在状态中输入条件和输出条件之间的对应关系。测试用例则是由测试中经过的一系列状态和在每个状态中必须依靠的输入/输出数据满足的一对条件组成。

5.1.4 软件测试步骤

测试过程单元测试、集成测试、确认测试和系统测试等4个步骤进行，如图5-1所示。

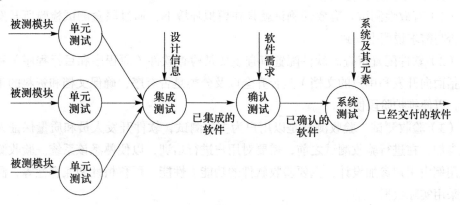

图5-1 软件测试过程

1. 单元测试

单元测试又称模块测试，是对最小软件设计单位（程序模块）进行正确性检验的测试工作。其目的在于发现各模块内部可能存在的各种错误。测试的相关复杂度和发现的错误是由单元测试的约束范围来限定的。单元测试需要从程序的内部结构出发设计测试用例，即采用白盒测试方法，而且多个模块可以并行地进行单元测试。

在单元测试中需要从五方面对所测模块进行检查，即模块接口测试、局部数据结构测试、路径测试、边界条件测试和错误处理测试。

2. 集成测试

在每个模块完成单元测试以后，需要按照设计时画出的结构图，把它们连接起来，进行集成测试。集成测试有两种不同的方法：非增式测试和增量式测试。

（1）非增式测试方法采用一步到位的方法来构造测试：对所有模块进行个别的单元测试后，按程序结构图将各模块连接起来，把连接后的程序当作一个整体进行测试。其主要缺点是，如果在模块的接口处存在差错，只会在最后的集成测试时一下暴露出来。

（2）增量式测试的做法与非增式测试有所不同。它的集成是逐步实现的，集成测试也是逐步完成的。增量式集成测试可按不同的次序实施，因而可以有两种：自顶向下结合和自底向上结合。

1）自顶向下增量式测试表示逐步集成和逐步测试是按结构图自上而下进行的，即模块集成的顺序是首先集成主控模块，然后按照控制层次结构向下进行集成。从属于主控模块的模块按深度优先方式或者广度优先方式集成到结构中去。

2）自底向上增量式测试表示逐步集成和逐步测试是按结构图自下而上进行的，由于是从最底层开始集成，所以也就不需要使用桩模块来辅助测试。

3. 确认测试

确认测试的任务就是进一步检查软件的功能和性能是否与用户要求的一样。它通过一系列证明软件功能和需求一致的黑盒测试来完成。确认测试首先要进行有效性测试以及软件配置审查，然后进行验收测试和安装测试，经过有关部门的确认和专家的鉴定后，软件即可交给用户使用。

（1）有效性测试。有效性测试就是在模拟环境下，通过黑盒测试检验所开发的软件是否与需求说明书一致。

（2）软件配置审查。软件配置审查主要是检查软件（原程序和目标程序）和文档（包括面向开发和用户的文档）是否齐全以及分类是否有序，确保文档和资料的正确和完善，以便维护阶段使用。

（3）验收测试。验收测试是以用户为主的测试，软件开发人员和质量保证人员也应该参加，在进行验收测试之前，需要对用户进行培训，以便熟悉该系统。验收测试的测试用例由用户参加设计，主要验收软件的功能、性能、可移植性和兼容性等，测试时一般采用实际数据。

4. 系统测试

系统测试是将已经通过确认测试的软件，作为整个基于计算机系统的一个元素，与计算机硬件、外设、某些支持软件、数据和人员等其他系统元素结合在一起，在实际运行环境下，对计算机系统进行一系列的集成测试和确认测试。

系统测试的目的在于通过与系统的需求定义作比较，发现软件与系统定义不符合或与之矛盾的地方。系统测试的测试用例应根据需求分析说明书来设计，并在实际使用环境下运行。系统测试包括对系统的性能、安全性、可计算性、配置灵敏度、启动和恢复等方面的测试。

5.2　面向对象测试特点

　　面向对象的技术因为能够解决传统程序设计语言的存在的问题，自提出以后，一度成为研究热点，事实上采用面向对象技术减少了不少错误的发生，对于提高软件质量起到了很大的作用。面向对象软件的封装性、继承性、多态性和动态绑定等特性提高了软件的可重用性，使软件开发更快、质量更高，而且软件易于维护、易于修改，通过组装可服用子系统而产生更大的系统。但是面向对象技术在任何情况下都不会排除软件测试的动机，同时面向对象程序设计语言的一些基本特征，如封装、继承和多态，也带来了新的风险，并给软件测试提出了新的挑战。

　　面向对象程序设计语言的出现不仅改变了程序设计的风格，还影响了软件开发的全过程。面向对象程序设计方法虽然能开发出稳定性好、可重用性高和维护性好的软件，但是却大大影响了软件测试的方法和内容。面向对象方法对软件测试的影响直至近年来才开始为人们所注意。下面分析面向对象程序设计语言的特征对软件测试的影响。

5.2.1　封装性和信息隐蔽对测试的影响

　　类的重要作用之一是封装性与信息隐蔽。封装性是把一个对象的数据和操作数据的方法聚集在一个逻辑单元内，对对象的访问被限制在一个严格定义的接口上；信息隐蔽则是指只让用户指导那些确保用户正确使用一个对象所必需的信息，其他信息对用户来说是隐蔽起来的。为使用一个对象，用户必须向对象发送消息。封装和信息隐蔽将类的具体实现与它的接口相分离，减少了一个类和程序其他各部分之间的依赖，促进了程序的模块化，并在一定程度上简化了类的使用，避免了不合理的操作并能有效地阻止错误的扩散，也减轻了维护的工作量。但同时，它们也给程序的测试带来了一定的问题。

　　封装和信息隐蔽为面向对象测试带来的主要问题是对象状态的观察问题。对象具有一定的状态，所以对于面向对象的程序测试来说，对象的状态是必须考虑的因素。由于信息隐蔽机制的存在，类的内部对外部来说是"不可见的"，它的属性和状态只能通过类自身的方法或函数来获得。这个测试用例的生成带来了一定的困难。为了能够观察到这些属性和状态，已确定程序执行的结果是否正确，测试时往往要在类的定义中增添一些专门的函数，该函数用于读取对象的状态，以便在测试时考察对象的状态变化。

5.2.2　继承对测试的影响

　　继承性是面向对象程序的基本特性之一，它是一种概括对象共性和组织结构的机制，使得面向对象设计更具自然性和直观性。子类不但继承了父类中的特征（数据和方法），还可以对继承的特征进行重定义。然而，继承同时也向测试用例设计者提出了新的挑战。即使是彻底复用的，对每一个新的使用语境也需要重新测试。此外，多重继承增加了需要测试的语境数量，从而使测试进一步复杂化。若在子类中重定义了某一继承的方法，即使两个函数具有完成相同的功能，对重定义的方法也需要重新测试。若一个类得到了充分的测试，在其被子类继承后，继承的方法在子类的环境中的行为特征需要重新测试。在多重继承的情况下，从两个不同的父类中所定义的同名（同型构）的特征中按不同的优先级（或选择方式）在子类中仅选择保留一个版本时，即使所得到的子类的结构与父类相同，但仍然可能需要不同的测试数据集。若对父类中某一方法进行了重定义，仅对该方法自身或其所在的类进行重新测试是不够的，还必须重新测试其他有关的类（如子类和引用类）。

总之，继承并未简化测试问题，反而使源代码变得难以理解，一个深层次的最底层的子类可能只有一两行代码，但却继承了上百种特征；多重继承会显著地增加派生类的复杂程度，导致一些难以发现的隐含错误，这些都在一定的程度上增加了测试的难度。

5.2.3 多态性与动态绑定对测试的影响

多态性和动态绑定是面向对象方法的关键特性之一。多态的概念是指同一消息可以根据发送消息对象的不同采用多种不同的行为方式；而多态行为操作是指根据当前指针引用的对象类型来决定使用正确的方法。动态绑定则决定了一个消息只能在编译或运行时才能够确定它的具体行为。这样，多态性和动态绑定所带来的不确定性，使得传统测试实践中的静态分析法遇到了不可逾越的障碍，而且它们也增加了系统运行中可能的执行路径，加大了测试用例的选取难度和数量。

5.2.4 测试面向对象的软件的特殊性

从程序的组织结构方面来讲，传统测试技术不完全适用于面向对象软件的测试。传统程序的测试过程是选定一组数据，交给待测程序处理，通过比较实际执行结果和预期执行结果，判断程序是否含有错误。因此，传统软件测试技术与过程式程序中数据和操作相分离的特点相适应。

而面向对象软件不是把程序看成是工作在数据上的一系列过程或函数的集合，而是把程序看作是相互协作而又彼此独立的对象的集合，在面向对象程序中，对象是属性（数据）和方法（操作）的封装体，每个对象就像一个传统意义上的小程序，有自己的数据、操作、功能和目的。

在面向对象系统中，系统的功能体现在对象间的协作上，而不再是简单的过程调用关系。面向对象程序的执行实际上是执行一个由消息连接起来的方法序列，方法的实现与所属对象本身的状态有关，各方法之间可能有相互作用。

为实现某一特定的功能，有可能要激活调用属于不同对象类的多个方法，形成方法的启用链。显然，基于功能分解的自顶向下或自底向上的集成测试策略并不适用于以面向对象方法构造的软件。

编程语言的改变对测试有影响，开发过程的变化以及分析和设计重点的改变也会对测试产生影响。许多面向对象的软件的测试活动都可以在传统的过程中找到对应的活动。仍旧使用单元测试，尽管在这里的意义已发生了改变；仍将做集成测试以确保各子系统能够一致正常地工作；仍将作回归测试以确保对软件最后一轮的修改不会对软件以前的功能造成负面影响。

从上面的讨论可以看出，面向对象软件语言特有的一些概念和机制，如数据抽象、继承、多态、动态绑定和消息传递都对测试有着深刻的影响。其中有的因素使测试复杂化，造成测试工作量加大，有的因素有助于测试过程中重用已有的测试资源，从而有利于减少测试的工作量，有的因素两方面兼而有之。但总的来讲，在这些因素的共同作用下，测试面向对象比测试传统软件更加困难。

5.3 面向对象软件测试技术

前面介绍了面向对象软件的有关概念和知识，并讨论了面向对象软件有何不同点。虽然面向对象的程序有其独有的新特性，但它的一些基本结构是不变的，所以大部分的传统软件测试方法在面向对象程序中仍然是可用的。只是面向对象软件多了一些不同于面向过程程序的新特点，因此传统的软件测试方法不足以有效地测试面向对象软件，所以需要根据面向对象软件的特点研究一些新的方法来进行测试。本节将探讨面向对象软件测试的策略以及测试技术，以便能更好地测试面向对象软件系统。

5.3.1 面向对象软件的测试策略

由于面向对象软件的封装性造成其没有传统结构化程序的层次式控制结构，作为一个整体，原有集成测试所要求的逐步开发的模块搭建在一起进行测试的方法已经不能完全地对面向对象软件进行测试，而且面向对象软件抛弃了传统的开发模型，对每个开发阶段都有不同以往的要求和结果，已经不可能用功能细化的观点来检测面向对象分析和设计的结果。单元测试失去了本身的意义而被类测试取代，传统的自顶向下和自底向上的集成策略也有了较大的改变。

在对面向对象软件进行测试的不同阶段，应该采用不同的测试策略。

（1）在类测试阶段，采取改造传统软件测试技术来进行，不再孤立地测试单个操作（传统的单元测试），而是将操作作为类的一部分。因此发现在类测试阶段传统测试的方法仍然适用类测试阶段，对面向对象的类测试等价于传统软件的单元测试，不过通过改进，传统软件测试的方法能够更好地应用到面向对象软件系统中，保证软件的质量。

（2）在集成测试阶段，因为面向对象软件没有层次的控制结构，传统的自顶向下和自底向上的集成测试策略并不适用于面向对象方法构造的软件。这是因为面向对象的程序的执行实际上是执行一个有信件连接起来的方法序列，而这个序列往往是由外部事件驱动的。

（3）在面向对象的系统测试采用传统的测试方法，在系统层次，类连接的细节消失了，所关心的只是系统功能是否实现，是否与需求相一致。传统的黑盒测试方法可被用于驱动有效性测试，因此可以采用传统的测试方法进行测试。

传统测试方法与面向对象软件测试方法在测试层次的划分上的对应关系见表5-1。

表5-1　测试层的划分

传统测试单元	面向对象测试系统
单元测试	类测试
集成测试	类集成测试
系统测试	系统测试

5.3.2　面向对象的类测试技术

面向对象软件的单元概念发生了变化，封装驱动了类和对象的定义。这意味着每个类和类的实例（对象）包装了属性（数据）和操纵这些数据的操作（也称为方法或服务），而不是个体的模块。最小的可测试单位是封装的类或对象。类包含一组不同的操作，并且某特殊操作可能作为一组不同类的一部分存在。因此，单元测试的意义发生了较大的改变。

面向对象软件的类测试与传统软件的单元测试相对应，但与传统的单元测试不一样。传统的测试方法只适用于类中方法的测试，不适用于类的整体测试；同时孤立地检查类中方法的正确性不足以保证类在整体上是正确的。面向对象软件的类测试是由封装在类中的操作和类的状态行为所驱动的。因此，类测试不能孤立地测试单个操作，要将操作作为类的一部分，同时要把对象与其状态结合起来，进行对象状态行为的测试。

1. 基于状态的类测试技术

对象状态测试是面向对象软件测试的重要部分，与传统的控制流和数据流测试相比，它侧重于对象的动态行为，这种动态行为依赖于对象的状态。测试对象动态行为能检测出对象成员函数之间通过对象状态进行交互时产生的错误。因为对象的状态是通过对象的数据成员的值反映出来的，所以检查对象的状态实际上就是跟踪监视对象数据成员的值的变化。如果某个方法执行后对象的状态未能够按预期的方法改变，则说明该方法中含有错误。

（1）状态转移图。类是面向对象程序的静态部分，对象是动态部分。对象的行为主要决定于对象状态和对象状态的转移。面向对象设计方法通常采用状态转移图建立对象的动态行为模型。状态转移图用于刻画对象响应各种事件时状态发生转移的情况，图中节点表示对象的某个可能状态，节点之间的有向边通常用"事件/动作"标出。状态转移图中的节点代表对象的逻辑状态，而非所有可能的实际状态。

图5-2所示的示例中，A，B表示两种状态，e表示收到的事件。当对象处于状态A时，若接收到事件e则执行相应的操作且转移到状态B。因此，对象的状态随各种外来事件发生怎样的变化，是考察对象行为的一个重要方面。

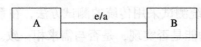

图5-2　对象状态转移示例图

（2）测试方法。基于状态的测试是通过检查对象的状态在执行某个方法后是否会转移到预期状态的一种测试技术。使用该技术能够检验类中的方法是否正确交互，即类中的方法是否能通过对象的状态正确通信。因为对象的状态号通过对象的数据成员的值反映出来的，所以检查对象的状态实际上就是跟踪监视对象数据成员的值的变化。如果某个方法执行后对象的状态未能按预期的方式改变，则说明该方法含有错误。

理论上讲，对象的状态空间是对象所有数据成员定义域的笛卡儿乘积。当对象含有多个数据成员时，对对象所有的可能状态进行测试是不现实的，这就需要对对象的状态空间进行简化，同时又不失对数据成员取值的"覆盖面"。简化对象状态空间的基本思想类似于黑盒测试中常用的等价类划分法。依据软件设计规范或分析程序源代码，可以从对象数据成员的取值域中找到一些特殊值和一般性的区间。特殊值是设计规范里说明有特殊意义在程序源代码中逻辑上需特殊处理的取值。位于一般性区间中的值不需要区别各个值的差别，在逻辑上以同样的方式处理。

进行基于状态的测试时，首先要对受测试的类进行扩充定义，即增加一些用于设置和检查对象状态的方法。通常是对每一个数据成员设置一个改变其取值的方法。另一项重要工作是编写作为主控的测试驱动程序，如果被测试的对象在执行某个方法时还要调用其他对象的方法，则需编写桩程序代替其他对象的方法。测试过程：首先生成对象，接着向对象发送消息把对象状态设置到测试实例指定的状态，再发送消息调用对象的方法，最后检查对象的状态是否按预期的方式发生变化。

（3）测试步骤。下面给出基于状态转移图的类测试的主要步骤：

1）依据设计文档，或者通过分析对象数据成员的取值情况，导出对象的逻辑状态空间，得到被测试类的状态转移图；

2）给被测试的类加入用于设置和检查对象状态的新方法；

3）对于状态转移图中的每个状态，确定该状态是哪些方法的合法起始状态，即在该状态时，对象允许执行哪些操作；

4）在每个状态，从类中方法的调用关系图最下层开始，逐一测试类中的方法，测试每个方法时，根据对象当前状态确定出对方法的执行路径有特殊影响的参数值，将各种可能组合作为参数进行测试。

2. 基于数据流的类测试

数据流测试是一种白盒测试方法，它使用程序中的数据流关系来指导测试者选取测试用例。传统软件测试中的数据流测试技术，能够用于类的单个方法测试及类中通过消息相互协作的方法的测试，但这些技术没有考虑用户以随机的顺序激发一系列的公有方法而引起的数据流交互关系。因为传统软件中过程和函数之间的协作是静态的，协作模式比较固定，但在面向对象的软件中，这些公有方法之间的协作是千变万化的，基本没有固定的模式。为了解决这个问题，提出了一个新的数据流测试方法，这个方法支持各种类的数据流交互关系。对于类中的单个方法及类中相互作用的方法，我们的方法类似于一般的数据流测试方法；对于那些可以从类外部访问，并可按任何顺序调用的公有方法，计算数据流信息，并利用它来测试这些方法之间可能的交互关系。这个方法的最大好处是可以利用数据流测试方法来测试整个类，且这种技术对于在测试类时决定哪一系列方法应该测试时非常有用，另外像其他的基于代码的测试技术一样，这种技术的绝大部分都可以实现自动化。

（1）数据流分析。在数据流测试技术中，测试是通过执行从变量赋值到变量引用处的子路径来进行的。程序中的引用可以是计算引用或断言引用。

在传统软件测试中，用数据流测试方法对单个的过程进行单元测试时，使用迭代法来计算程序中的定义–引用对。这种方法使用控制流图来表示程序，控制流图中的节点表示程序中的语句，而边表示两个语句间的控制流，每个控制流图都是单入口和单出口的。为了将数据流测试应用到测试过程间协作的情况，需要过程间数据流分析技术，该技术计算那些定义在一个过程中而引用却在另一个过程中的定义–引用对。这种技术使用反映程序模块之间调用关系的调用图来传递整个程序的数据流信息，以便利用调用图来计算定义–引用对。Pnade，Lnadi和Ryder提出了一种计算过程间定义–引用对的算法，它在计算定义–引用对时还考虑指针变量及别名的影响，该算法称为PLR算法。

PLR算法为测试程序构造其对应的控制流图，它将测试程序中每个过程的控制流图结合并连接起来。在调用图中，过程中的每一调用位置用一个调用节点和返回节点替代，通过增加从调用节点到入口节点和从退出节点到返回节点的边来描述程序中的过程调用。PLR算法首先计算每一过程的定义信息，然后用数据流框架表示过程间可达的定义，从这些可达的定义来计算过程间的定义–引用对。

（2）类及类测试。类是一个独立的程序单位，它应该有一个类名并包括属性说明和服务说明两个主要部分。不失一般性，这里构造一个类的模型，它只包含两种访问类变量及方法的方式：public和private，公有变量和方法可以被类的使用者访问，而私有的只能在类中访问"类中包含构造函数，当该类的对象实例化时，就执行对应的构造函数；类中还应包含析构函数，当对象消失时，就调用该析构函数。

对类的测试可以分以下三个层次进行。

1）方法内测试用来测试单个的方法，这个层次的测试等效于过程式语言程序中对单个过程进行的单元测试；

2）方法间测试用来测试某一公有方法与类中别的由该方法直接或间接调用的方法间的协作情况，它等效于过程式语言中的集成测试；

3）类内部测试用来测试按各种序列调用公有方法时，这些方法之间的协作情况。然而，由于方法调用的序列是无限的，实际测试只能抽样测试其一子集。

（3）数据流测试。对应上面定义的三种测试级别，在类中有三种相应的定义–引用对，下面对它们进行形式化定义。在定义中，设C是要测试的类，d表示包含变量定义（definition）的语句，u表示包含变量引用（use）的语句。

1）方法内定义–引用对。假设M是C中的方法，如果d与u都在M内，并且存在一个调用M的程序P，（d，u）是P单独调用M时执行的一个定义–引用对，则（d，u）就是一个方法内定义–引用对。

2）方法间定义–引用对。假设M0为C中的一个公有方法，当M0被激发时，{M1，M2，…，Mn}为C直接或间接调用的方法集。设d在Mi中而u在Mj中且Mi、Mj都在

{ M1，M2，…，Mn}中，如果存在一个程序P调用，则在P中当M0被激发且Mi不等于Mj，或Mi，Mj分别在同一个方法的两次调用中单独出现，则（d，u）为一个方法间定义–引用对。

3）类内部定义–引用对。假设M0为C中的一个公有方法，当M0被激发时，{ M1，M2，…，Mn}为C直接或间接调用的方法集。如果N0也是C中的一个公有方法（可能就是M0），当N0被激发时，{N1，N2，…，Nn}为C直接或间接调用的方法集。设d在{ M1，M2，Mn}的某个方法中，u在{N1，N2，…，Nn}的某个方法中，如果存在一个程序P调用M0和N0，且在P中，（d，u）为一个定义–引用对，并且在d执行之后，u执行之前，M0的调用就终止了，则（d，u）为一个类内部定义–引用对。

4）计算类的数据流信息。为了对类进行数据流测试，首先必须计算类的各种定义–引用对。前面提到的PLR算法，对于计算方法内及方法间的定义–引用对是有用的，但由于它需要一个完整的程序来构造一个控制流图，因此不能直接用于计算类内部定义–引用对。为了计算类内部定义–引用对，必须考虑当一系列的公开方法被调用时的相互协作。可以考虑建立一个图来描述这些相互协作，然后用类似于PLR的算法来计算它。为了计算这三种类型的定义–引用对，首先构造被测试类的类控制流图。为此首先必须有能力构造该图的算法，该算法的输入是要测试的类C，其输出是要测试类的类控制流图G。算法如下：

a.为类构造类调用图，作为类控制流图G的初值。

b.添加一数据流框架到图G中。

c.根据相应的控制流图替换类调用图中的每一个调用节点，具体实现如下：对于类C中的每一个方法M，在类调用图中用方法M的控制流图替代方法M的调用节点，并更换相应的边。

d.用调用节点和返回节点替换调用点。具体实现如下：对于类调用图中的每一个表示类C中的调用方法M的调用点，用一对调用节点和返回节点代替调用节点。

e.把单个的控制流图连接起来。具体实现如下：对于类的控制流图中的每一个公有方法M，加一条从框架调用节点到输出节点的边和一条从输出节点到框架返回节点的边，其中输入节点和输出节点都在方法M的控制流图里。

f.返回完整的类控制流图。

在算法的第一步，为类构造一个类调用图，并且把它作为类控制流图的原型。在第二步，用一个框架把类调用图包围起来，这个框架有助于数据流分析，它代表的是被测试类的测试驱动程序，而该驱动程序用来模拟实际系统对被测试类的公有方法的任意调用序列。框架包括5个节点：框架入口（frame entry）和框架出口（frame exit），它们分别用来表示进入和退出框架；框架循环（frame loop），它便于形成方法的调用序列；框架调用（frame call）和框架返回（frame return），它们分别表示对公有方法的调用以及调用的返回。在该框架中还有4条边，<框架入口，框架循环>，<框架循环，框架出口>和<框架返回，框架循环>。图5-3显示的是类的调用图，在该类图中，框架节点是灰色的，框架的边用虚线表示，此时，框架和类调用图并没有连接起来。

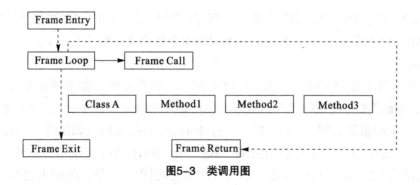

图5-3　类调用图

5.3.3　面向对象的集成测试技术

在面向对象的术语中，集成测试的一个主要目标是确保每个类或组件对象的消息以正确的顺序发送和接收并确保接收消息的外部对象的状态获得预期的影响。区别于传统软件的功能分解，面向对象软件是通过合成来构造软件的，因而集成是面向对象软件开发中最重要的工作。集成测试主要根据系统中相关类的层次关系，检查类之间的相互作用的正确性，即检查各相关类之间消息连接的合法性、子类的继承性与父类的一致性、动态绑定的合法性、类簇协同完成系统功能的正确性等等。因面向对象软件没有层次的控制结构，传统的自顶向下和自底向上的集成测试策略并不适用于面向对象方法构造的软件，这是因为面向对象的程序的执行实际上是执行一个由信件连接起来的方法序列，而这个方法序列往往是由外部事件驱动的。此外，在各个方法分别测试之后，每次任选一个方法集成到类中逐步进行测试直至形成一个完整的类的集成策略也未必合适，原因是各个方法之间可能有相互作用，某一方法可能要求对象处于某个特定的状态，而该状态必须由其他方法设置，所以还需要考虑集成的次序问题。面向对象软件的集成测试由两种策略：一种是基于线程的测试；另一种是基于使用的测试。

（1）基于线程的测试。由系统的一个输入事件作为激励，对其触发的一组类进行测试，执行相应的方法/消息处理路径，最后终止某一输出事件。应用回归测试对已测试过的类集再重新执行一次，以保证加入新类时不会产生意外的结果。

（2）基于使用测试。首先通过测试独立类（是系统中已经测试正确的某类）来开始构造系统，在独立类测试完成后，下一层继承独立类的类（称为依赖类）被测试，这个依赖类层次的测试。

在软件开发的实际中也存在许多的集成测试方法。其中最重要的一种测试方法是基于测试树的集成测试。

基于测试树的集成测试方法是对类集成的方法进行测试，在类测试过程中，为类中每一个方法生成了相应的控制流图 CFG （Control Flow Graph），并由 CFG 产生相互作用图 IG （Interaction Graph）。根据相互作用图 IG 构造测试树，直至把所有的类的方法都加进测试树中。

动态遍历测试树，可以发现程序中由混乱的方法名引起的某些不可达代码及异常属性，还可以检测出系统中错误的方法请求及对象实例的丢失，这可能是由于请求方法的类型不正确，或调用时方法还没有实例化等错误。

1. 测试树作用图

构造 TT 的基础是每个方法的相互作用图 IG，它是一棵深度为 1 的方法请求树，其根节点为某一方法名，叶子节点为该方法所请求的其他方法名，其中包括与该方法在相同类及不同类的所有被它请求的方法。IG 是在方法测试过程中，对每一种方法从其相应的 CFG 中推导出来的。从 CFG 构造出 IG 的算法见表5-2。图5-4为从 CFG 转换为 IG 的实例。

表5-2　相关作用图IG的生成算法

CreateIG（CFG，CPC）
1 输入：CLIB-类库，CPC-每一个类的伪码，CFG-每一种方法的控制流图
2 输出：LIG-相互作用图列表
3 int i=0;
4 for class ∈ CLIB do{ //类库中的每一个类
5 for method ∈ class do { //类中的每一种方法
6 new（IG）;
7 IG *root = method *name; //对每一种方法，在 LIG 中建立一个 IG 节点
8 for all path ∈ CFG（method） do //从该方法的 CFG 中查找所请求的方法
9 while（path not end） do { //从 CFG 的每条路径中查找
10 next node; //向下遍历路径，忽略非相互作用语句
11 if （node *c!=null）
12 c=c+node*c; //搜集判定路径上使用的参数形成参数表
13 if （node*name=method1*name）{ //发现请求新的方法
14 new（method1*name）; //用该方法建立叶子节点
15 if （not first node） //非该路径上的第一个节点
16 i++;
17 IG *leaf[i]=methodl *name; //连接到所发现的最后一个节点后
18 IG *leaf[i]*c：=c; } } //i 为录边上的参数，建立 IG 边上的条件
19 LIG=LIG+IG; }
20 }

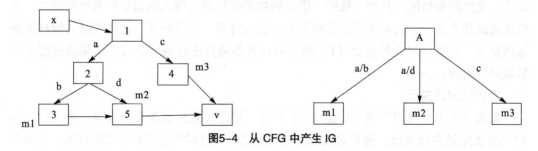

图5-4 从 CFG 中产生 IG

算法说明：

IG：方法的相互作用图，即每种方法请求其他方法的作用图，是一棵深度为 1 的树。

IG*root：IG 树的根，一般为它所代表的方法名。

IG*leaf[i]（i=1，2，…，n）：IG 树的叶子，一般为它所请求的 n 个方法名。

IG*leaf[i]*c：该方法请求叶子节点的方法所需满足的条件。即图5-4中 IG 边上的参数。

2. 测试树的构造

集成测试最主要的工作是构造测试树 TT，一个完整的测试树 TT 是在集成过程中逐步形成的。在集成测试过程中所用的 TT 都是当时集成模块的测试树，其中包含许多未集成的类方法（后面的算法中称为"黑箱方法"）。因此，遍历一个非完整的模块所对应的测试树，所产生的测试用例（方法的请求序列）中包含有被作为"黑箱"相互作用的方法请求，直到该模块集成了所有的类，这些作为"黑箱"相互作用的方法请求才被实际的方法所替代。

现在介绍在集成测试过程中 TT 的形成。为 TT 的生成算法见表5-3。

表5-3　TT树的生成算法

```
CreateTT（LIG）
I 输入：LIG-相互作用图表
2 输出：TT-初始构造的测试树
3 TT=root;
4 int i=0;
5 for method0 ∈ classO do { //在每一个线程中，输入端口事件触发类
//class0 中的触发方法 method0，在 TT 中为一个与根节点直接链接的子树
6 search（LIG，IG*root=method0）；//到 LIG 中找到 method0 的 IG
7 root[i]=IG*root；//将 method0 的 IG 链入 TT 的根节点作为一个线程的触发点
8 i++;
9 TT（method0）=IG;
10 ExtendTT（TT）；} //将主类的其余方法链入 TT
```

从表5-3算法对测试树 TT 的初始建立中可以看到，TT 的最初形式就是以输入端口事件所触发类的触发方法的 IG 为起点，由该类的其他方法的 IG 连接起来构成的。即起初的 TT 是由集成中初始模块（输入端口事件触发的类）包含的 IG 构成的。这同集成测试中，集成的初始情况是相一致的。集成的初始模块即是输入端口事件所触发的类，当模块通过其中某一方法与外部方法联系时，它又将另一个类归并，此时可通过测试树的遍历扩充、修改已建立的初始 TT。通过对其各条路径进行遍历，可产生集成过程中的集成测试用例。

3. 测试树的遍历

集成过程中，每当新建 TT 或对 TT 扩充、修改（表示某类集成到模块中）时，对 TT 的各条路径进行遍历，就是对新模块进行测试。通过对当前 TT 路径的遍历，就可生成模块的测试用例。

遍历 TT 各条路径采用路径覆盖策略。从 TT 的根节点开始，每遍历其中的一条路径，就表示从触发方法开始的一个方法执行的请求序列，它产生一个测试用例。当遍历了 TT 的所有路径，则表示从触发方法开始，每一种方法请求序列都被生成，这样可产生一组测试用例。这些测试用例既可测试模块间的相互作用，也可测试新集成类与模块

之间的相互作用。

在这里还应特别注意 TT 中的每条边上方法的请求条件，这些条件是从相应方法的 IG 中继承过来的。在进行 TT 路径遍历产生测试用例时，一定要将相应的请求条件记录在测试用例中，以便测试时考虑满足方法请求时的条件。

5.3.4 面向对象的系统测试

通过类测试和集成测试，仅能保证软件开发的功能得以实现，不能确认当实际运行时，是否满足用户的需要，是否大量存在实际使用条件下会被诱发产生错误的隐患。为此，对完成开发的软件必须经过规范的系统测试。换个角度说，开发完成的软件仅仅是实际投入使用系统的一个组成部分，需要测试它与系统其他部分配套运行的表现，以保证在系统各部分协调工作的环境下也能正常工作。

1. 功能测试

功能测试是系统测试中最基本的测试，它不管软件内部的实现逻辑，主要根据产品的需求规格说明书和测试需求列表，验证产品的功能实现是否符合产品的需求规格。

2. 协议测试

在分布式系统中，计算功能，如处理能力、信息存储和人机交互是分布在不同的计算机系统中的。为了使各计算机系统能够成功地进行通信，必须遵守一种规则。协议规定了一个计算机系统在和其他计算机系统进行同学时应遵守的规则集合。

3. 性能测试

在实时系统和嵌入系统中，提供符合功能需求但不符合性能要求的软件是不能被接受的。性能测试就是用例测试软件在集成系统中的运行能力的。性能测试可以发生在测试过程的，所以步骤中一个有用的性能测试是压力测试，它包括庞大数据的用户和请求来获得操作系统的压力条件。压力测试用于试图耗尽如缓冲区、队列、表和端口方面的资源限制。这种形式的测试在评价针对拒绝服务方面的危险非常有效。

4. 安全性测试

安全性测试用来验证集成在系统内的保护机制是否能够在实际中保护系统不受到非法的侵入。在安全测试过程中，测试者扮演一个试图攻击系统的个人角色。测试者可以尝试通过外部的手段来获取系统的密码，可以利用能够瓦解任何防守的客户软件来攻击系统；可以把系统"制服"，使别人无法访问；可以有目的的引发系统错误；可以通过浏览非保密的数据，找到进入系统的钥匙。系统设计者的任务就是要把系统设计为想要攻击系统而付出的代价大于攻破系统之后获得的信息代价。

5. 健壮性测试

健壮性测试有时也叫容错性测试。主要测试系统在出现故障时，是否能够自动恢复或者忽略故障继续进行。一个健壮的系统是设计出来的而不是测试出来的。健壮性测试一般的方法是软件故障插入测试，该技术模拟在程序代码的特定位置出现故障情况并且观察系统的行为。为了评价遗留在一个程序中的故障数量和种类，首先，故障被插入到一个程序中，然后程序被测试。同时，发现故障的数量可用来估计还没有被发现的数量。

6. 恢复测试

采用人工的干扰使软件出错，中断使用，检测系统的恢复能力，特别是通信系统。恢复测试时，应该参考性能测试的相关测试指标。

7. 可用性测试

测试用户是否能够满意使用。具体体现为操作是否方便，用户界面是否友好等。

第6章　面向对象关键技术的脆弱性分析

使用面向对象的相关方法和技术可以提高软件系统的安全性和鲁棒性，但需要考虑一些与之相关的脆弱性问题。这些问题与面向对象语言的功能和是否满足既定的安全目标直接相关，搞清楚这些问题可以更加有效地运用面向对象的相关方法和技术。

本章节主要介绍面向对象和相关技术的关键特点和有关问题，包括继承、参数多态、重载、类型转换、异常管理、动态内存管理以及虚拟化等。本章将针对这些问题展开详细讨论。

6.1　继　　承

6.1.1　继承概述

继承是面向对象技术的核心特征之一，它是指从一个或多个基类中继承其数据结构和操作，形成新的派生类的一种机制。面向对象程序设计中的继承机制提供了无限重复利用程序资源的一种途径，这使得许多不同的类可以实现相同的功能，便于以统一的方式处理不同的对象。通过面向对象语言中的继承机制，可以扩充和完善旧的程序设计以适应新的需求，节省程序开发的时间和资源。

C++支持单一继承（从一个基类的继承）和多重继承（从一个以上基类的继承），形成完善的继承机制。和单一继承相比，多重继承更能提高软件复用率。但继承可能会引入某些脆弱性，增加了软件适航认证的风险，继承相关的脆弱性主要如下：①可替代性；②继承实现方法；③无效代码；④静态调度；⑤多重继承。

6.1.2　可替代性

在通常情况下，父类对象可以被它的任意子类对象替换。类可以包含若干个可重写方法，子类可以重写父类的方法。根据类型理论，具有无参构造方法的子类可以看作父类的一种子类型，子类对象可替代父类对象。但是某些情况下，如果该子类不合适作为父类的子类型，这种替换可能会导致程序行为的不正确。

在例子中，Sub子类对父类的无参方法value（）进行了重写，返回值为–1，当调用父类的value方法进行开方运算时，计算结果正确，结果为1；而子类Sub的对象由于调用重写的value方法，对–1进行开方运算，使得运算产生错误。（注：对负数进行开方运算时，打印结果为NaN，表示"Not a Number"。当运算无法返回正确的数值时，就会返回"NaN"值）

```
class Base {
    int a=0;
    Base() {
        a = 1;
    }
    int value() {
        return 1;
    }
}
public class Sub extends Base {
    int value() {
        return -1;
    }
    public static void main(String[] args) {
        Base base = new Base();
        Sub sub = new Sub();
        // 打印结果
        System.out.println("The value is：" + Math.sqrt(base.value()));
        System.out.println("The value1 is：" + Math.sqrt(sub.value()));
    }
}

//运行结果
The value is : 1.0
The value1 is : NaN
```

指导意见：类型的一致性可以通过确保每个子类可以替代对应的父类来证明。有若干种方法可以用来验证LSP属性被维持（里氏替换原则，如果对于类型S的每一个对象o1，都有一个类型T的对象o2，使对于任意用T定义的程序P，将o2替换为o1，P的行为保持不变，则称S为T的一个子类型。子类型必须能够替换它的基类型，即父类的方法都要在子类中实现或者重写），包括使用形式化方法或要求（经过前置条件，后置条件和不变量的测试）。在父类中执行的验证活动也应该在子类中执行，一个给定的子类应该同时使用符合自身需求的验证程序和用于验证它所有父类的验证程序来进行测试验证。每个调用点上都有自己的调度集合，如果类型的一致性没有被保证，则任意调用点调度集合中的所有成员都需要被验证。在使用子类替代父类时，应确保子类对象替换后，不会引起应用程序行为错误。

6.1.3 继承实现方法

当在子类中增加一个新的属性，并且没有重写更新该属性的方法时，继承实现方法可能存在问题。比如，当该属性中的值依赖于执行继承方法的结果时，它可能没有被更新。这样，调用该方法可能会导致不正确的对象状态和非预期的行为，如以下例子所示：

```
class ProfitOnQuarter {
    int sum1 = 0;
    int jan = 1000;
    int feb = 1200;
    int mar = 1000;

    public void profit() {
        sum1 = jan + feb + mar;        //计算第一季度利润，赋值给sum1
    }
}
class ProfitOnHalfYear extends ProfitOnQuarter {
    int sum2 = 0;
    int apr = 1000;
    int mar = 1300;
    int jun = 1000;

//    @Override
//    public void profit(){
//        sum2 = jan+feb+mar+apr+mar+jun;        //计算前半年利润，赋值给sum2

//    }
}
public class Test{
    public static void main(String[] args) {
        ProfitOnHalfYear pohy = new ProfitOnHalfYear();
        pohy.profit();
        System.out.println(pohy.sum1);
        System.out.println(pohy.sum2);
    }
}

//运行结果
3200
0
```

ProfitOnQuarter类用来计算了第一季度利润，使用profit（）方法计算利润值，为1，2，3月利润之和，赋给变量sum1；ProfitOnHalfYear类继承自ProfitOnQuarter类，使用ProfitOnHalfYear类计算半年的利润，应该重写profit（）方法计算利润值，为1~6月利润之和，赋给变量sum2；但是如果子类ProfitOnHalfYear并未重写profit（）方法（以上代码中被注释的行），就无法对属性sum2的值进行更新。此外，在计算半年利润时，将会调用父类中的profit（）方法，返回的仍是第一季度的利润额，引起不一致的状态和非预期的行为。

指导意见：当子类有一个新的属性并且需要重写父类的方法来更新这个属性时，应确保在子类中该父类方法已被重写。否则，该属性的值将无法更新。当调用此方法时，也可能由于调用了父类的方法而导致不正确的对象状态。

6.1.4　无效代码

继承中存在的另一个脆弱性是无效代码。当父类中的一个方法被子类重写，并且父类永远不被实例化，会导致父类方法的代码永远不会被执行，即存在无效代码。而移除父类中的该方法，可能会损坏父类定义的完整性。示例代码如下：

```
abstract class InvalidCode1 {
    public abstract void A();

    public void B(){
        System.out.println("抽象父类的B方法");        //无效代码
    }

    public void C(){
        System.out.println("抽象父类的C方法");        //无效代码
    }
}

class InvalidCode2 extends InvalidCode1{
    public void A() {
        System.out.println("子类的A方法");
    }

    public void B(){
        System.out.println("子类的B方法");
    }

    public void C(){
        System.out.println("子类的C方法");
    }
}

public class InvalidCode{
    public static void main(String[] args) {
        InvalidCode2 in = new InvalidCode2();
        in.A();
        in.B();
        in.C();
    }
}

//运行结果
子类的A方法
子类的B方法
子类的C方法
```

如上代码所示，InvalidCode1类是一个抽象类，包含抽象方法A（），普通方法B（）和C（），InvalidCode2继承InvalidCode1，实现了抽象方法A（），重写了普通方法B（），C（）。此时，由于抽象类InvalidCode1不能实例化，而InvalidCode2对象只能调用自身的B（），C（）方法，父类InvalidCode1中的B（）和C（）将不能被调用，产生了无效代码。

指导意见：在程序设计过程中，应尽量避免无效代码的产生，若父类为抽象类，此时应该避免重写父类中的方法；或判断父类中的普通方法是否有存在的必要，能否将其定义为抽象方法。

6.1.5 静态调用

当在子类中重写了父类的静态方法时，可能会产生问题。对静态方法调用，会根据所声明对象的类型，调用其静态方法。即如果声明的是一个父类对象，即使实际参数对象为子类对象，也会调用其父类对象的静态方法，而不是调用重写后的子类对象的静态方法。即静态方法重写后的静态调用机制，与普通方法的动态调用机制不同，如果使用不当，可能会导致程序状态错误或者行为异常。

```
class Animal {
    //call方法声明为了静态
    public static void call(){
        System.out.println("这里是父类");
    }


}
class Dog extends Animal {
//call方法声明为了静态
    public static void call() {
        System.out.println("汪汪汪");
    }
}
public class Test {
    public static void main(String[] args) {
        Animal a = new Dog();
        a.call();
    }
}


//运行结果
这里是父类
```

以上代码显示，运行后打印出"这里是父类"，若在方法重写时未使用静态调用，输出结果为"汪汪汪"。上面示例重写了父类的静态方法，但却没有多态作用，事实上，静态方法不存在重写这一说，只不过在语法规则上与非静态方法一样，在实际使用过程中，开发人员会很容易误以为会调用对应的子类方法。

指导意见：在使用继承时，要准确判断想要调用的方法，在方法重写过程中，尽量避免对静态方法的重写与调用，以免引起与程序员期望不一致的行为。

类似于静态调度，一些编程语言允许类的属性被派生类覆盖，根据实际的语言语义，重写属性名可能会由于使用了错误的数据而导致一系列意想不到的行为：

```
class A {
    int i = 1;
}

class B extends A {
    int i = 2;
}

public class Test {
    public static void main(String[] args) {
        A a = new B();
        System.out.println("声明类型为A，使用B的构造方法，属性i的值为：" + a.i);
        B b = new B();
        System.out.println("声明类型为B，使用A的构造方法，属性i的值为：" + b.i);
    }
}

//运行结果
声明类型为A，使用B的构造方法，属性i的值为：1
声明类型为B，使用A的构造方法，属性i的值为：2
```

指导意见：在程序设计过程中，应避免子类与父类具有相同的属性名，因为这会使代码不易阅读，直接使用需要的类型进行声明和初始化，以避免因使用了错误的数据而导致非预期的行为。

6.1.6 多重继承

多重继承通常有两种实现方式：接口继承和实现继承。多重接口继承是指一个类可以从多个父类（有些语言称为接口，即没有定义方法实现代码的类）中继承其方法。这就意味着，一个给定的类可以有多个类型（父类的子类型）。子类可能从两个不同的父类中继承了相同名称的方法，而两个父类对该方法的实现可能不一致，这会导致程序行为的不确定。对于提供多重实现继承的语言来说，情况更加复杂。多重实现继承不仅会出现多重接口继承相同的问题。并且，如果子类从不同路径继承了相同属性，也会导致错误行为。

现举例说明多重继承中的二义性问题：

```
//多重继承产生二义性
class IBase
{
public:
    virtual ~IBase() {}
    void foo() { }
};
class IA : public IBase
{
public:
    virtual ~IA() {}
};
class IB : public IBase
{
public:
    virtual ~IB() {}
};
class CImpl : public IA, public IB
{
public:
    virtual ~CImpl() {}
};
int main(int argc, char* argv[])
{
    CImpl o;
    o.foo();    // 直接调用CImpl的foo函数
    return 0;
}
//编译结果
error C2385: 'CImpl::foo' is ambiguous
warning C4385: could be the 'foo' in base 'IBase' of base 'IA' of class 'CImpl'
warning C4385: or the 'foo' in base 'IBase' of base 'IB' of class 'CImpl'
```

在使用多重继承时，如果有两个被继承的类拥有共同的基类，那么就很容易出现这种情况。可以把继承关系中两个类之间沿着基类方向的相隔的继承级数看成一个距离，当对某个对象调用foo函数的时候，编译器会优先选择离当前指针类型的距离最短的一个函数实现去调用，而对于当前这个继承关系来说，IA和IB还是各包含一份IBase的实例，虽然在内存里仅仅是包含一份数据，但是在编译的过程中，IA和IB中还包含了一份从IBase中继承下来的函数列表。所以有两个包含有foo函数类与CImpl类的距离是一样的，所以在对CImpl调用foo函数，就产生了所谓的二义性，除非指定使用IA：：foo或者IB：：foo，否则编译器将无法决定使用哪一个基类的foo函数。所以在使用过程中，应该明确指定调用的是从哪个父类继承的函数。

```
o.IA::foo();    // 指定调用CImpl从IA部分继承过来的foo函数，这样就可以编译通过了。
```

现在介绍一个更通用的例子：

```
class A{
    Protected: int x;
    Public: void f();
    ......
};
class B{
    Protected: int x;
    Public: void f();
    void g();
    ......
};
class C: public A, public B{
    Public: void h();
    void k();
    ......
};
```

上面的例子声明一个类C的对象obj，由于C既是类A的子类又是类B的子类，所以对于表达式obj.x和obj.f（）是引用类A中的x，f（），还是引用类B中的x，f（），编译器在编译时是无法确定的。这可能会造成程序混乱，产生风险。

在java语言中，程序可以同时实现多个接口，若接口中都定义了同一属性i，在调用该属性时会发生异常，程序将无法判断使用哪个接口的属性值，见以下例子：

```
interface CanSwim {
    int i = 2;
    void swim();
}
interface CanFly {
    int i = 3;
    void fly();
}

public class Test implements CanSwim,CanFly{
    public static void main(String[] args) {
        Test test = new Test();
        System.out.println(test.i);
    }
    public void fly() {
    }

    public void swim() {
    }
}

//运行结果
Exception in thread "main" java.lang.Error: Unresolved compilation problem:
The field test.i is ambiguous
```

指导意见：在使用多重继承时，应尽量避免定义相同的方法名或属性名，注意判断是否存在潜在的二义性问题。在调用对应方法过程中，明确指定需要调用的方法，可以有效地解决多重继承二义性问题。

6.2　参　数　多　态

6.2.1　参数多态概述

面向对象的多态性有多种不同的形式，包括参数多态、包含多态和过载多态等。参数多态不使用子类型，即可实现代码重用，能够保持类型一致性。采用参数模板，通过绑定不同类型的参数，使得一个结构有多种类型，在C++中，典型的参数多态示例如下：

```
#include <iostream>
#include <string>

template <class T>
T max(T a, T b) {
 return a > b ? a : b;
}

int main() {
 std::cout << ::max(9, 5) << std::endl;    // 9

 std::string foo("foo"), bar("bar");
 std::cout << ::max(foo, bar) << std::endl; // "foo"
}

//运行结果
9
foo
```

上述例子中，通过将int或string类型的实参代入形参T，即可根据不同的实参类型执行不同数据比较操作，这种做法称为参数化。替代形参T的实参可以是预定义数据类型或用户自定义数据类型（主要是类的对象），即实现参数化的多态性。

参数多态可能会引入一些需要考虑的程序脆弱性：

（1）作用于泛型数据的参数多态操作可能与替换数据不一致；

（2）可追溯性问题。

6.2.2　作用于泛型数据的参数多态操作可能与替换数据不一致

参数多态会根据传入参数的数据类型执行对应操作，但有时可能会传入不合适的参数值。此时，程序运行结果可能与开发人员的预期不符：

```
#include <iostream>
#include <string>

template <class T>
T max(T a, T b) {
  return a > b ? a : b;
}

int main() {
  std::cout << ::max(9, 5) << std::endl;     // 9
  std::string foo("foo"), bar("bar");
  std::cout << ::max(foo, bar) << std::endl; // "foo"
  bool a = true;
  bool b = false;
  std::cout << ::max(a, b) << std::endl;
  std::cout << ::max(b, a) << std::endl;
}

//运行结果
9
foo
1
1
```

如上述代码所示，当传入模板类的实参为int型和string型时，能够进行正确的数据值比较操作。但当实参为布尔类型时，输出结果都为1，这可能与开发人员的预期不一致。

指导信息：

（1）在使用参数多态时，程序会根据传入参数的类型执行相应操作，应确保作用于替代参数的参数多态操作实现了预期的语义行为。

（2）参数类型或类型组合的每个实例化都应该被验证。

6.2.3　可追溯性问题

参数化多态使得程序源代码到目标代码的可追溯性会非常困难。编译器可使用多种技术实现参数多态，其中两种最常用方法为"宏扩展"和"代码共享"。在实例化时，宏扩展有效地为泛型或模板生成必须的代码。代码共享为泛型或模板的所有实例生成一个代码块。

一个泛型的多个实例化可能有不同的特性，需要被分别验证。在某些语言中，实例化可能是隐式的，与显式实例化模板相比，可追溯性更加不明显。当使用宏扩展时，这可能会导致源代码到目标代码的一对多映射：

```
#include <iostream>
#include <string>
using namespace std;

#define ADD(A, B) (A) + (B);

int main()
{
    int i1 = 1, i2 = 2;
    string s1 = "Hello ", s2 = "world!";
    int i = ADD(i1, i2);
    string s = ADD(s1, s2);
    cout << "i = " << i << endl;
    cout << "s = " << s << endl;
    return 0;
}

//执行结果：
i = 3
s = Hello world!
```

上述代码所示，首先使用宏定义了一个方法ADD，ADD方法的参数类型没有直接进行指定。当使用不同参数调用ADD方法时，由于参数化多态性程序会出现不同的执行过程（可能是整数相加、字符串连接等），可能会产生不一样的目标代码，这就导致源代码到目标代码的一对多映射，给源代码到目标代码的可追溯性带来困难。

指导信息：参数多态可能会给源代码到目标代码的追溯性带来困难，在对可追溯性要求严格的软件开发项目中，应避免使用参数多态，尽量使用参数精确匹配的方法。

注：测试用例也可以被参数化，从而减少为每个实例生成测试的负担。

6.3　重　载

6.3.1　重载概述

重载是指同一作用域内的几个方法具有相同名称，但是其参数列表不同。这样的同名不同参数的方法之间，互相称之为重载方法。重载有助于代码开发、程序的可读性和可维护性，但在使用过程中应避免歧义或名称冲突。当编译器对参数执行隐式类型转换以选择可接受的匹配时，会出现重载模糊的风险。

6.3.2　重载模糊

重载允许为不同语义的方法定义相同的名字。在调用重载方法时，隐式类型转换可能会造成调用非预期的重载方法。虽然程序语言通常有特定的规则来识别"最佳"匹配，但是编译器的选择可能不符合程序员的意图，使得程序行为异常。以下两个例子说明了重载模糊的问题：

```java
public class OverloadTest {
    public void A(int i){
        System.out.println("整型");
    }
    public void A(Character c){
        System.out.println("字符型");
    }
    public static void main(String[] args) {
        OverloadTest test = new OverloadTest ();
        test.A('a');
    }
}


//运行结果
整型
```

OverloadTest类中有两个重载的A方法，分别接受int型和Character型参数，当将字符a作为参数传入方法A时，会默认调用A（int i）方法，输出结果"整型"，与开发人员的预期不符。

产生以上结果的原因是Java为了向下兼容，保证程序的正确性，在方法重载时先不考虑自动拆装箱，而是遵循最精确匹配的原则，找最匹配的类型，由于没有char类型的方法可以调用，但是有int类型的方法，那么根据这个原则，将char型元素a转型为int类型，而没有进行自动装箱，在使用过程中需要注意。

注：将基本数据类型变成包装类称为装箱。将包装类的类型变为基本数据类型称为拆箱。基本数据类型的自动装箱、自动拆箱是自J2SE 5.0开始提供的功能：

```java
Integer i = 10; //自动装箱，实际上执行了Integer i = new Integer(10)
int t = i;//自动拆箱，实际上执行了 int t = i.intValue()
```

下述代码是另一个重载模糊的例子：

可变参数列表即可带0个或多个参数，若没有重载方法m（），在参数个数为0时，将会调用方法m（String ...params），打印"执行带可变参数的方法，参数个数为0"，当使用不带参数列表的m方法进行重载时，则会调用m（）方法，打印"执行不带参数的方法"，但这可能与程序员的预期不符。

指导信息：编码标准应该解决以下问题（下述建议是有代表性的，但不是详尽的）：

（1）使用显式类型转换避免重载歧义。

（2）使用语言的作用域机制来减少名字冲突巧合的可能性。

（3）为子程序使用与语义一致的名字，包括所有预定义的用法，比如运算符。

（4）对于提供隐式类型转换的语言，确保执行正确的重载子程序。

```
public class OverloadTest{
    public void m(String ...params){
        System.out.println("执行带可变参数的方法，参数个数为：" + params.length);
    }
    public void m(){
        System.out.println("执行不带参数的方法");
    }
    public static void main(String[] args) {
        OverloadTest test = new OverloadTest();
        test.m("num1","num2");
        test.m();
    }
}

//运行结果
执行带可变参数的方法，参数个数为：2
执行不带参数的方法
```

6.4 类 型 转 换

6.4.1 类型转换概述

通常的类型转换包括隐式（自动）类型转换和显式（强制）类型转换。隐式类型转换，是指由系统自动完成的类型转换，通常在源类型和目标类型兼容，以及目标类型广于源类型时发生。隐式类型转换不会造成数据精度损失。显式类型转换是通过类型转换运算实现，其一般形式为（类型说明符）（表达式），把表达式的运算结果强制转换成类型说明符所代表的类型。强制类型转换必须书写相应的代码，并且可能存在数据精度损失，所以只有在应用程序能够容忍这种损失时才进行强制类型转换。

在面向对象语言中，由于继承关系，存在基类与派生类之间的向上转型和向下转型的问题。由于向上转型是从一个较专用类型向较通用类型转换，所以总是很安全的。导出类可能比基类含有更多的方法，但它必须至少具备基类中所含有的方法。在向上转型过程中，子类对象可能会丢失方法，但不会获取新的方法，这就是编译器在"未曾明确表示转型"或"未曾制定特殊标记"的情况下，仍然允许向上转型的原因。

也可以执行与向上转型相反的向下转型，但是对于向下转型，无法判断一个父类对象是否是合适的子类对象。例如，无法知道一个"几何形状"对象是否是一个圆的子类对象。要解决这个问题，必须在运行期间对类型进行检查，使程序不至于贸然转型到一种错误的类型。

虽然类型转换对程序员来说很方便，但它可能会引入非预期行为。对语言的隐式转换规则不熟悉，经常会导致编码问题。这些脆弱性依赖于类型转换的性质，当使用窄化类型转换时，数据可能会丢失；向下转型的脆弱性取决于特定语言的实现方式，可能会导致内存中的对象本身或其相邻元素的数据损坏，以及错误行为或抛出运行时异常。

6.4.2 显式类型转换导致精度损失

使用强制类型转换会导致精度的损失，因此在使用时需要拥有足够的把握，见以下例子：

```
public class Test {
    public static void main(String[] args) {
        int a = (int) 3.2;
        int b = (int) 3.5;
        if (a > b) {
            System.out.println("a的值小于b");
        } else if (a == b) {
            System.out.println("a的值等于b");
        } else {
            System.out.println("a的值大于b");
        }
    }
}
//运行结果
a的值等于b
```

上述例子中，使用强制类型转换将两个大小不同的double型值转换为int型值，损失了精度，使得在比较操作中，得到了值相等的结果。

指导信息：

（1）确保类型转换是安全的，并理解其含义。

（2）当执行缩小类型转换时，应该使用显式转换传递给代码校验者（这是程序员希望看到的）。显式的转换也可能伴随着额外的代码（例如，范围检查），以确保缩小的转换可以被目标类型支持。

6.4.3 向下转型

错误地使用向下转型，将父类对象转型到不恰当的子类类型，进而发出该对象无法接受的消息，这样做是极不安全的。在Java中，程序在进入运行期时会对转型进行检查，以保证它的确是程序员期望的子类类型。如果不是，就会返回一个ClassCastException（类转型异常），如以下例子所示。

在上述代码中，MoreUseful类继承了Useful类，所以MoreUseful对象可以向上转型到Useful类，在main（）方法中对数组x进行初始化时可以看到这种情况发生。因为数组中的两个对象都属于Useful类，所以可以调用f（）和g（）方法，但如果试图调用只存在于MoreUseful中的u（）方法，就需要尝试向下转型，如果所转类型是正确的类型，那么转型成功，否则，就会返回一个ClassCastException异常。这种在运行期间对类型进行检查的行为称作"运行时类型识别（RTTI）"：

```
class Useful{
    public void f(){};
    public void g(){};
}

class MoreUseful extends Useful{
    public void f(){};
    public void g(){};
    public void u(){};
    public void v(){};
    public void m(){};
}
public class Test{
    public static void main(String[] args) {
        Useful[] x = {new Useful(),new MoreUseful()};
        x[0].f();
        x[1].g();
        ((MoreUseful)x[1]).u();      //向下转型
        ((MoreUseful)x[0]).u(); //向下转型，抛出异常
    }
}

//运行结果
Exception in thread "main" java.lang.ClassCastException: Useful cannot be cast to MoreUseful
at Test.main(Test.java:20)
```

指导信息：

（1）确保向上转型和类型扩大保持了类型安全性并可以隐式执行。

（2）在向下转型时，应该使用分析、异常处理或显式的保护代码来确保转换是安全的。

6.5 异 常 管 理

6.5.1 异常管理概述

异常管理是编程语言或计算机硬件里的一种机制，用于处理软件或信息系统中出现的异常状况（即超出程序正常执行流程的某些特殊条件）。异常管理功能对程序运行过程中出现的任何异常情况进行处理，使用try，catch和finally关键字来捕获并处理异常，以及在事后清理资源。

大多数面向对象语言都具有在方法中抛出异常，以及捕获和处理异常的能力。一些语言支持处理检查出的异常和未检查出的异常。检查出的异常通常包含在子程序中，并

在程序中进行处理。未检查出的异常不是子程序的一部分，不能确保它们会被处理。

异常管理中潜在的脆弱性主要包括以下三方面：

（1）异常未被处理；

（2）当异常被捕获时，未执行任何操作；

（3）当异常被捕获时，执行了错误的操作。

6.5.2　异常未被处理

在程序运行过程中，有时可能未对抛出的异常进行及时的处理。下列代码的for循环中，会出现i=0的情况，此时会产生一个除数为0的算数异常。程序抛出了这个异常，并未进行捕获处理，导致程序异常结束。

```
public class Test {
    public static void main(String[] args) throws ArithmeticException {
        for (int i = 3; i >= 0; i--)
            System.out.println(10 / i);
    }
}

//运行结果
java.lang.ArithmeticException: / by zero
    at Test.main(Test.java:4)
```

6.5.3　捕获异常，但未做任何操作

下列程序捕获了ArithmeticException异常，但并未执行任何的异常处理操作。在这种情况下，控制台甚至可能不进行错误提示，这将造成程序状态异常。

```
public class Test {
    public static void main(String[] args){
        try {
            for (int i = 3; i >= 0; i--)
                System.out.println(10 / i);
        } catch (ArithmeticException e) {

        }
    }
}
//运行结果（并未打印错误信息）
3
5
10
```

6.5.4 捕获异常，但执行了错误的操作

以下程序捕获了ArithmeticException异常，但在处理异常时输出了错误的提示信息，给用户使用和开发人员维护带来困难：

```
public class Test {
    public static void main(String[] args){
        try {
            for (int i = 3; i >= 0; i--)
            System.out.println(10 / i);
        } catch (ArithmeticException e) {
            //造成异常的真实原因是除0的算数异常
            System.out.println("程序中断，空指针异常");
        }
    }
}


//运行结果
3
5
10
程序中断，空指针异常
```

6.5.5 正确的处理异常程序

以下代码展示了正确的异常处理程序，使用try....catch语句捕获异常，并做出正确的异常处理操作，输出提示信息"程序中断，算数异常"：

```
public class Test {
    public static void main(String[] args){
        try {
            for (int i = 3; i >= 0; i--)
                System.out.println(10 / i);
        } catch (ArithmeticException e) {
            System.out.println("程序中断，算数异常");
        }
    }
}


//运行结果
3
5
10
程序中断，算数异常
```

指导信息：异常管理策略应定义使用是否异常（如果使用异常，则将抛出异常），在哪里应捕获，以及它们应该被如何处理。如果某种语言使用隐式检查的方法来发现潜在的异常，如范围检查、边界检查、除以零的检查和前提条件或后置条件检查，异常处理策略也应该考虑这些异常。此外，异常管理应该作为类需求和可替代性验证的一部分被考虑，在程序不符合类需求和可替代性时，应该确保可以正确抛出异常，并进行捕获处理。

6.6　动态内存管理

6.6.1　动态内存管理概述

面向对象的程序设计无时无刻不在与内存进行交互。静态内存用来保存局部static对象、类static数据成员以及定义在任何函数之外的变量，栈内存用来保存定义在函数内的非static对象。除了静态内存和栈内存，每个程序还拥有一个内存池，这部分内存被称作自由空间或堆，程序用堆来存储动态分配的对象——即那些在程序运行时分配的对象。

在C++中，动态内存的管理是通过一对运算符来完成的：new，在动态内存中为对象分配空间，并返回一个指向该对象的指针，可以对对象进行初始化；delete，接收一个动态对象的指针，销毁该对象，并释放与之关联的内存。

复杂的任务往往依赖于动态分配和释放对象能力。程序中的很多操作使得创建的对象寿命比程序执行的持续时间短，由于内存是有限的，所以有必要重用这些对象所消耗的内存。面向对象编程往往依赖于动态内存管理，本节标识了动态内存管理过程中存在的脆弱性，并提供了动态内存管理技术的建议。

动态内存管理技术包括内存池，以及栈，范围和堆为基础的内存管理，手动和自动内存回收（垃圾收集）。使用动态内存管理技术主要包含以下脆弱性：

（1）引用的二义性风险。

（2）内存碎片。

（3）饥饿回收。

（4）堆内存耗尽。

（5）过早回收。

（6）丢失更新和陈旧的引用。

（7）超时限的内存分配和释放。

6.6.2　引用的二义性

内存分配器返回一个活动内存的引用，例如，仍然可以从程序代码访问的对象。这种允许程序不合理地使用已分配的内存将会导致安全风险。

内存分配器返回一个有效内存地址的引用，例如，在程序代码中可以访问的内存对象引用，可能由于程序采用不适当方式访问了内存，导致程序失败。

指导信息：应验证分配器返回的内存引用不存在任何其他的引用。当对象申请内存时，如果返回了一个正在使用的内存地址，将会造成有两个引用指向相同的地址，若其中一个引用改变了内存的值，另一个引用对象也将受到影响，导致安全风险。在程序设计的过程中，应尽量避免此类二义性问题。

6.6.3 内存碎片

内存碎片是指由于动态的内存分配与回收，造成系统中存在大量小的空闲内存块。由于每个内存块都过小，无法找到足够容量的连续的内存块而造成内存分配失败。

指导信息：将相邻的空闲内存块进行连接或限制不同存储量内存块的数目是可以显著减少内存碎片的技术。在程序设计过程中，应验证内存是有条理的，这样当有足够的可用内存时，任何分配请求都将成功。此外，已经有很多避免内存碎片的工具出现。例如，专为分布式高可用性容错系统开发的 OSE 实时操作系统可提供三种运行时内存分配程序：内核 alloc（），它根据系统或内存块池来分配；堆 malloc（），根据程序堆来分配；OSE 内存管理程序 alloc_region，它根据内存管理程序内存来分配。

6.6.4 饥饿回收

饥饿回收是指由于系统对未引用内存（例如：对象，或结构体等）的回收不及时，可能造成内存分配请求失败。这种情况也可能是丢失内存对象引用引起的：

```cpp
#include <iostream>
#include <string>
using namespace std;
struct people
{
    string name;
    int age;
    bool sex;
    string id;
};
int main()
{
    people *p = new people[10000]();
    for (int i=0; i != 10000; i++)
//由于人为原因出现多个无引用内存，且无法自动回收
p = new people[10000]();
//由于内存无法释放，无可用内存导致新的内存请求失败
people *n_p = new people[10]();
    return 0;
}


//运行结果：
系统内存使用率超过80%，系统卡顿，程序无法执行，无法为新的对象申请内存
```

在上述程序中，新建了一个people类型结构体数组并为它动态分配了内存，使用指针p指向这部分内存，之后在p均未释放当前指向的内存的前提下，使用for循环将指针p先后指向了多个内存，此时，p之前指向的动态分配的内存无法释放，出现了内存回收不足的现象，导致了新的people类型结构体对象n_p的内存请求失败。

指导信息：在程序设计过程中，应验证不再引用的内存在该内存需要重用之前被回收，避免因为回收不足导致分配请求的失败。此外，要避免无引用的活动内存出现，即在内存未被释放时，指向该内存的引用不能全部指向其他内存块，应至少保留一个引用来释放这部分内存，以免由于丢失引用导致新的内存分配请求失败。

6.6.5　堆内存耗尽

当程序同时申请大量的内存时，可能会造成堆内存耗尽，即程序运行的堆内存需求超过了可用的内存。而缺乏足够大的堆内存，将无法进行内存的动态申请。Java堆用于存储对象实例，只要不断地创建对象，并且保证Garbage Collected Roots到对象之间有可达路径来避免垃圾回收机制清除这些对象，那么在对象数量到达最大堆的容量限制后就会产生内存溢出异常。

以下代码限制Java堆的大小为20M，不可扩展（将堆的最小值-Xms参数与最大值-Xmx参数设置为一样即可避免堆自动扩展）：

```
/**
 * java堆内存溢出异常
 * VM Args: -Xms20m -Xmx20m -XX:+HeapDumpOnOutOfMemoryError
 *
 */
import java.util.ArrayList;
import java.util.List;
public class HeapOOM {
    static class OOMObject{
    }
    public static void main(String[] args) {
        List<OOMObject> list = new ArrayList<OOMObject>();
        while(true){
            list.add(new OOMObject());
        }
    }
}

//运行结果
Exception in thread "main" java.lang.OutOfMemoryError: Java heap space
```

指导信息：要解决这个问题，一般的方法是先通过内存映像分析工具对Dump出来的堆转储快照进行分析，重点是确认内存中的对象是否是必要的，分清是出现了内存泄漏还是内存溢出。

如果是内存泄漏，可进一步通过工具查看泄漏对象到GC Roots的引用链，掌握了泄漏对象的类型信息及GC Roots引用链信息，就可以比较准确地定位出泄露代码的位置。

如果不存在泄露，即内存中的对象确实依然存活着，那就应当检查虚拟机的堆参数（-Xmx与-Xms），与其物理内存对比看是否还可以调大堆内存。同时，从代码上检查是否存在某些对象生命周期过长，持有状态时间过长的情况，尝试减少程序运行期的堆内存消耗。

在程序设计过程中，应验证是否有足够大的内存来容纳程序所需的最大存储量。

6.6.6　过早回收

即使某一内存空间存在活动的引用，内存片段是依然可以被回收的。在引用依然存在期间使用delete语句，只是释放掉了指针所指的内存，但并没有将指针置空，此时指针指向的就是"垃圾"内存，这将很容易造成程序错误：

```
#include <iostream>
using namespace std;
int main()
{
    int *pi = new int[10]();
    for (int i = 0; i != 10; i++)
        cout << pi[i] << " ";
    cout << "\n";
    delete[] pi; //虽然此时内存的引用pi依然存活，但是此内存片段是可以被回收的
    for (int i = 0; i != 10; i++)
        cout << pi[i] << " "; //回收内存片段后，引用指向的内容不确定
    return 0;
}
//编译结果
0 0 0 0 0 0 0 0 0 0
4725576 4718788 0 0 0 0 0 0 0 0 //pi指向的内容不确定，可能会造成不可估量的后果
```

在上述程序中，新建了一个int型数组，并使用指针pi指向其内存地址，然后使用delete语句回收了int数组的内存空间，但并未将指针pi置null，此时，指针pi仍指向原来的地址，此时，使用指针pi将会造成无法预期的结果。

指导信息：在进行内存回收操作时，应确保在完成内存回收后将该内存片段上的所有引用置为空值，避免内存过早回收带来的未知风险。

6.6.7　丢失更新和陈旧的引用

在面向对象系统中，经常通过移动对象的内存地址，来避免产生内存碎片，但这可能产生风险。例如，已经创建了新的对象拷贝后，仍然对旧的对象内存拷贝进行更新；或者在新对象内存拷贝还没有初始化之前，就对新对象进行更新；或者在新对象创建后，仍然读取旧对象的内存拷贝；或者在新对象拷贝初始化之前，就读取了新对象内存。

指导信息：在内存中执行移动对象操作时，应保证新的拷贝可以被正确地引用，同

时旧的副本被销毁或不再被引用。应保证对象内存移动操作是原子的，以避免丢失更新和使用旧引用的情况发生。

6.6.8　超时限的内存分配和释放

动态内存管理技术对应用程序执行时间有影响，分配和释放内存的时间并不总是可预测的，对于内存释放，有显式释放和垃圾回收两种方式，在一般情况下，应该考虑分配和释放对象所需的时间，应用软件可能由于动态内存管理而遭遇意外的延迟。

指导信息：所有代码中的内存操作应视为最坏情况执行时间分析（WCET）的组成部分，如果有一个单独的内存管理线程，如垃圾收集线程，该线程也应该被看作是任务调度的一部分。应验证内存管理操作（例如，分配、回收和空闲内存合并）在指定的时间约束内完成。

6.6.9　内存对象管理技术

管理内存动态分配的对象主要有三种技术：对象池、基于激活帧的对象管理和基于堆的对象管理。基于激活帧和基于堆的对象管理都有重要的变体，激活帧对象管理可以直接链接到调用栈或使用更松散的基于作用域的机制，基于堆的对象管理可以手动或自动执行。有些技术需要一个更大的内存管理基础设施（MMI），但是，这些基础设施能够实现目标的程度也各不相同。这些技术都有自己的优点和缺点，但都需要考虑之前提出的问题。现在详细介绍这些技术与变体。

1. 对象池

对象池是一种用来管理相同类型对象的技术。在程序启动阶段将会提供一组未使用的初始化特定类型对象集合，每当需要一个新的给定类型的对象时，将从对象池中随机分配一个，当对象不再需要时，将会被释放回对象池。一般来说，安全系统不允许增加或减少对象池大小，除非其与垃圾回收机制配套使用。

对象池的优势是能够提供快速的内存分配，对于频繁使用的对象，在使用完后，不立即将它们释放，而是将它们释放回对象池，以供后续的应用程序重复使用，从而减少创建对象和释放对象的次数，避免了内存碎片的产生，缺点是软件开发者必须人工管理对象池，并非所有的对象都适合使用对象池——因为维护对象池也会造成一定的开销，对生成时开销不大的对象进行池化，反而可能会出现"维护对象池的开销"大于"生成新对象的开销"，从而使得性能降低。但是对于生成时开销较大的对象，使用对象池是提高性能的有效策略。应用程序开发人员应确保至少为每个应用程序处理了上面列出的前五个漏洞（通常情况下，对于移动的对象是不必要的）。

软件开发者必须保证每一个不再需要的对象确实都返回到对应的对象池中，同时保证任何返回到对象池中的对象都不再被引用。此外，由于对象池是针对特定对象的，所以使用者还必须设置对象池的大小以防止内存过早的耗尽。

2. 激活帧管理

对于仅在特定执行环境需要的对象，例如仅在一个给定的方法和方法调用中需要，会使用像栈这样的分配方法。这种方法的两种变体在与调用激活帧关联的紧密程度上各不相同，两者都需要确保不在帧或范围之外对帧或范围中分配的对象进行引用。

3. 栈帧

栈帧对象管理使用一个方法的活动帧来存储本地对象。这限制了帧在进程间的共享程度，但它也减少了碎片的风险，应用程序开发人员应该考虑为对象分配所需的每个栈的大小，并确保除了在同一栈帧或同一栈中更深入嵌套的栈帧中，不引用存储在栈上的对象。

4. 基于作用域

基于作用域的对象管理与活动帧的关系并不密切，多个线程可以同时进入一个作用域。这种方式增加了存储碎片的风险，因为存储作用域内的对象应该被给予更多的关心来管理备份的存储。作用域内存的分配规则确保了没有空指向的引用。

5. 基于堆的管理

基于堆的管理是最普遍的方法，使用这一技术内存可以被更广泛地重用，但应考虑所有漏洞。内存自动管理或垃圾收集大大地减少了应用程序开发人员的负担。

6. 人工堆管理

当且仅当对象不再被引用时，人工堆管理要求应用程序释放该对象。当应用程序开发人员能够确保碎片不会引起内存分配失败时，对象通常不会被移动。一般来说，应用程序开发人员应该确保避免了所有的漏洞。

7. 自动垃圾回收

垃圾回收使应用程序开发人员将漏洞分析推迟到底层执行环境。这意味着只要执行环境不变，垃圾收集可以被验证和重用，当执行环境改变时，应重新进行时序分析。对于垃圾回收器，应该确保所有不再被应用程序引用的对象都被返回到空闲列表中，空闲列表被合并以确保以后的任何内存分配操作成功地进行，仍然被引用的对象不会被收集。应用程序开发人员表明，垃圾回收活动不会影响应用程序的时效性，并且这种方式可以保证有足够的内存是可用的。在许多垃圾收集器中，随着正在使用内存接近可用内存，垃圾收集时间将会增加，因此堆的大小应包含安全余量以减轻这种影响。

6.7 虚 拟 化

6.7.1 虚拟化概述

虚拟化技术使用软件（或硬件）在某个更高的层次上对一组资源进行抽象，例如微码、操作系统、数学库（抽象访问浮点单元），设备驱动程序（抽象的访问物理设备），虚拟机管理器和解释器等。

从虚拟化的目的来看，虚拟化技术主要分为以下几类：

（1）平台虚拟化，它是针对计算机和操作系统的虚拟化。

（2）资源虚拟化，针对特定的计算资源进行的虚拟化，如存储虚拟化、网络资源虚拟化等。

（3）应用程序虚拟化，它包括仿真、模拟、解释技术等。Java 虚拟机是典型的在应用层进行虚拟化。基于应用层的虚拟化技术，通过保存用户的个性化计算环境的配置信息，可以实现在任意计算机上重现用户的个性化计算环境。

（4）表示层虚拟化。在应用上与应用程序虚拟化类似，所不同的是表示层虚拟化中的应用程序运行在服务器上，客户机只显示应用程序的UI界面和用户操作。

综上所述，虚拟化指的是模拟某一执行环境的技术，这些技术主要是为执行程序提供支持，包括操作系统、编译的二进制程序和应用程序。一些虚拟化技术，如解释器，是提供这种仿真的程序，模拟特定语言指令的执行。解释器可以像可扩展标记语言XML或应用程序中的状态机解释器一样简单，也可能像程序语言编译器一样复杂。当验证这些程序时，被程序作为指令的数据处理操作应该被证明是可执行代码（不是数据）。使用虚拟化技术主要的脆弱性是将程序指令归类为数据。

6.7.2　将程序指令归类为数据

与一些虚拟化技术相关的漏洞是错误地将程序指令归类为数据。因此，跟踪可能会被忽略，需求可能是不充分或缺失的，并且验证可能是不足的。

指导信息：对于计划使用虚拟化和其相关技术的程序，数据将被解释为一组提供控制流的指令，而不是作为一组要被处理的值。这些数据应被视为可执行代码，所有适用的目标都应该得到满足。

应用程序应确保作为虚拟化技术的一部分处理的编程指令满足可执行代码的所有目标。此验证应该在虚拟化技术的上下文中，一个系统可以使用虚拟化技术层，使用时，应对每一层进行验证。

第7章　面向对象技术对适航目标影响分析

面向对象和相关技术的普遍问题有可追溯性、结构覆盖、基于组件的开发和资源分析等。

本章提供的建议不与面向对象特定性质直接相关，因此，无论在项目中使用何种特性，都应该始终考虑这些问题。

7.1　可　追　溯　性

DO-178C中，面向对象项目的可追溯性目标与传统项目相同，然而，对于面向对象的可追溯组件的识别和评估还有其他需要考虑的因素。

7.1.1　可追溯性的注意事项

可追溯性可能由于面向对象方法内在的一些特性而变得复杂。

（1）根据功能点编写的软件需求可能无法很好地映射到面向对象设计，造成不明确的可追溯性。

结构化程序设计方法主张按功能来分析系统需求，其主要原则可概括为自顶向下，逐步求精，模块化等。按照功能把软件系统逐步细分，一个功能往往在一个程序模块中完成，因此这种方法也被称为面向功能的程序设计方法；结构化程序设计的每个功能都负责对数据进行一次处理，每个功能都接受一些数据，处理完后输出一些数据，这种处理方式也被称为面向数据流的处理方式。所以，根据功能点编写的软件需求往往根据结构化设计方法进行一一映射，具有明确的可追溯性。

面向对象程序设计的基本思想是使用类、对象、继承、封装和消息等基本概念来进行程序设计。它是从现实世界中客观存在的事物（即对象）出发来构造软件系统，由于封装、继承和多态等特性，往往需要进行对象间的交互来完成一个功能，比如通过继承，子类对象调用基类方法或通过多态，根据不同子类对象调用不同处理代码。这都为根据功能点编写软件需求到面向对象设计的映射带来了困难，导致了不明确的可追溯性。

（2）继承在每个子类需求和其所有的父类需求之间引入了一种关系，由于重写父类方法或不明确的方法调用的原因，造成了不明确的可追溯性。

基类和从它直接或间接继承而得到的派生类共同构成继承层次关系。在继承层次关系中，通常把基类叫作"根"，派生类则是从根直接或间接继承过来的。除了根，每个类都有一到多个直接或间接继承的祖先，每个类也都有若干从它继承过去的派生类。在面向对象编程过程中，最底层的子类可能只有一两行代码，但却继承了上百种特征，多重继承也会显著的增加派生类的复杂程度，造成一些难以发现的隐含错误，给程序的可追溯性目标带来困难。

（3）根据DO178C中的讨论，对于A级的软件，需要确定目标代码是否可直接追溯到源代码。使得源代码到目标代码可追溯性复杂的项目包括构造函数、析构函数、内联、运行时类型检查，隐式类型转换，以及支持该语言的其他编译器生成的目标代码。

由于程序可能有不止一个构造函数、程序运行过程中执行的隐式类型转换和动态绑定等因素，所以造成源代码到目标代码的可追溯性分析边的更加困难。

可以在源代码、目标代码或可执行对象代码上执行结构覆盖分析。不同于代码形式的结构覆盖分析被执行，如果软件等级为A，并且编译器、链接器或其他方法生成的附加代码不能直接追溯到源代码语句，那么应进行额外的验证，以确定生成的代码序列的正确性。

（4）使用模型（如UML）捕获面向对象的软件系统的行为和结构是一种常见的做法。当使用这些模型来捕获软件系统架构和需求时，可追溯的目标与软件架构、需求申请联系到了一起。在通常情况下，结构模型用于捕捉软件体系结构，行为模型用于捕捉软件的功能需求和描述系统的行为。结构模型都是静态的，包括用例图、类图（包含包）、对象图、组件图和配置图等五个图形，是标准建模语言UML的静态建模机制。其中行为模型中所建立的模型或者可以执行，或者表示执行时的时序状态或交互关系。它包括状态图、活动图、顺序图和合作图等四个图形，是标准建模语言UML的动态建模机制。在实际情况中，使用的模型类型应该在设计标准中进行指定。

注意：确保模型正确开发（如UML）的一种方法是使用基于模型的开发和补充验证。然而，这并不是正确开发这些模型的唯一方法。

7.1.2 指导信息

软件开发过程可追溯性活动包括以下几项。

（1）跟踪数据，显示分配给软件的系统需求和高等级需求之间的双向关联，跟踪数据的目的如下：

1）使能够验证分配给软件的系统需求实现的完整性。

2）对那些不能直接追溯到系统需求的派生高级需求提供可见性。

（2）跟踪数据，显示高级需求和低级需求之间的双向关联。此跟踪数据的目的是：

1）使能够验证高级需求实现的完整性。

2）对那些不能直接追溯到高层需求的派生低级需求和软件设计过程中所做的架构设计决策给予可见性。

（3）跟踪数据，显示低层需求和源代码之间的双向关联。此跟踪数据的目的是：

1）使能够验证没有源代码实现未记录的功能。

2）使能够验证低级需求实现的完整性。

（4）在面向对象的设计中，所有功能都是在方法中实现的，因此，可追溯性是从需求到实现需求的方法和属性。类是体系结构用来组织需求的组件。由于子类化，当方法在子类中重写时，一个需求（这是一个类中实现的方法）也应该追溯到子类中的方法，这是除了子类中明确的可追溯需求之外的。

在面向对象程序设计过程中，应该从系统需求到软件需求到类进行逐步细化，同时定义它们的行为，简化需求和实现之间的可追溯性。为了帮助验证类的可替代性，应该建立和验证子类需求与其所有父类需求之间的可追溯性。使用模型对面向对象的软件系统的行为和结构进行构建，提供结构较为清晰简洁的结构模型和行为模型，为面向对象项目的可追溯性提供便利。

7.2　结　构　覆　盖

7.2.1　测试覆盖分析概述

测试覆盖是指测试用例相对某个特定的覆盖准则而言的覆盖情况，是用来度量测试完整性的手段。覆盖率是指至少被覆盖一次的测试对象数量占测试对象总数的比例。覆盖分析主要评估软件测试用例及其测试活动的完备性，间接地可用来评估软件需求的完备性，从而保证机载软件测试活动达到了相应等级的适航要求。

测试覆盖分析分两步进行，即基于需求的覆盖分析和结构覆盖分析。需求测试覆盖用于分析测试用例与软件需求的追溯性，保证测试用例满足特定准则。结构覆盖用来保证基于需求的测试过程对软件代码结构的执行满足合适的覆盖要求，如果结构覆盖分析表明不能满足适当的覆盖标准，则确定附加的活动以解决诸如死码这样的情况。DO-178C对不同等级的软件具有不同的结构覆盖要求：D级别没有要求，C级别要求实现语句覆盖，B级别要求判定覆盖，A级别则必须满足MC/DC（修正条件判定）覆盖。

测试覆盖分析的目标：①实现了高级需求的测试覆盖。②实现了低级需求的测试覆盖。③软件结构的测试覆盖达到了适当的覆盖标准。④实现了软件结构的测试覆盖，包括数据耦合和控制耦合。

1. 基于需求的测试覆盖分析

这种分析的目标是确定基于需求的测试对软件需求的实现的验证情况，这种分析可能要求增加基于需求的测试用例。指导原则主要包括以下几项：

（1）确认每一项软件需求都有测试用例。

（2）分析应确认测试用例符合正常和鲁棒性测试的标准。

（3）解决分析过程中发现的所有缺陷，可能的解决方案是增加或增强测试用例。

（4）分析应确认所有的测试用例和所有用于实现结构覆盖的测试过程都可以追溯

到需求。

2. 结构覆盖分析

结构覆盖是针对软件代码的覆盖分析，包括源代码、目标码和可执行代码。DO-178C对于基于需求的测试用例可能无法完全执行代码结构，如程序接口部分的代码，要求进行结构覆盖分析和其他额外的验证活动来保证结构覆盖率。结构覆盖可以发现在测试中未执行到的代码结构。指导原则包括：

（1）分析基于需求测试期间收集的结构覆盖信息，以确认结构覆盖程度适合于软件级别。

（2）可以在源代码、目标代码或可执行对象代码上执行结构覆盖分析。如果软件等级为A，并且编译器、链接器或其他方法生成的附加代码不能直接追溯到源代码语句，不同于代码形式的结构覆盖分析被执行。然后，应该执行附加验证以确定所产生的代码序列的正确性。

注："不能直接追溯到源代码语句的附加代码"是引入分支或副作用的代码，这些分支或副作用在源代码级别上不会立即显现。由编译器生成的数组边界检查是不能直接追踪到源代码的一个例子。

（3）分析应证实基于需求的测试已经测试了代码部件之间的资料耦合和控制耦合。

7.2.2 结构覆盖

基于需求的测试用例可能没有测试到所有代码结构，所以要执行结构覆盖分析，并进行额外的验证以达到结构覆盖。结构覆盖分析的目标是确定基于需求的测试规程未测试到的代码结构，证明代码结构被验证达到了应用软件所需的等级，并且提供了一种方法来证明没有非预期的功能出现。

根据DO-178C中的定义，结构覆盖分析的如下几方面需要被考虑：

（1）代码覆盖是软件测试中的一种度量，描述程序中源代码被测试的比例和程度，所得比例称为代码覆盖率，包括以下几项：

1）指令或语句覆盖：语句覆盖是最基本的结构覆盖要求，要求设计足够的测试用例，使得被测程序的每一个语句至少执行一次，即目标是对每一条可执行语句进行覆盖测试。

2）判定覆盖：设计足够多的测试用例，使得程序中的每一个判断至少获得一次"真"和一次"假"，即使得程序流程图中的每一个真假分支至少被执行一次。

3）修正条件判定覆盖（MC/DC）

MC/DC定义如下：

条件——不含有布尔操作符号的布尔表达式；

判定——条件和零或者很多布尔操作符号所组成的一个布尔表达式；

修正条件判定覆盖——在一个程序中每一种输入输出至少得出现一次，在程序中的每一个条件必须产生所有可能的输出结果至少一次，并且每一个判定中的每一个条件必须能够独立影响一个判定的输出，即在其他条件不变的前提下仅改变这个条件的值，而使判定结果改变。

MC/DC首先要求实现条件覆盖、判定覆盖，在此基础上，对于每一个条件C，要求存在符合以下条件的两次计算：

1）条件C所在判定内的所有条件，除条件C外，其他条件的取值完全相同；

2）条件C的取值相反；

3）判定的计算结果相反。

MC/DC是条件组合覆盖的子集。条件组合覆盖要求覆盖判定中所有条件取值的所有可能组合，需要大量的测试用例，实用性较差。MC/DC具有条件组合覆盖的优势，同时大幅减少用例数。满足MC/DC的用例数下界为条件数+1，上界为条件数的两倍，例如，判定中有3个条件，条件组合覆盖需要8个用例，而MC/DC需要的用例数为4~6个。如果判定中条件很多，用例数的差别将非常大。例如，判定中有10个条件，条件组合覆盖需要1 024个用例，而MC/DC只需要11~20个用例。

以下是MC/DC的示例程序：

```
int func（BOOL A， BOOL B， BOOL C）
{
    if（A &&（B || C））
        return 1；
    return 0；
}
```

条　件	用　例1	用　例2	用　例3	用　例4
A	1	0	1	1
B	1	1	0	0
C	0	0	0	1
判定结果	1	0	0	1

对于条件A，用例1和用例2，A取值相反，B和C相同，判定结果分别为1和0；

对于条件B，用例1和用例3，B取值相反，A和C相同，判定结果分别为1和0；

对于条件C，用例3和用例4，C取值相反，A和B相同，判定结果分别为0和1。

DO-178中对于结构测试覆盖的目标差异是不同等级机载软件的显著特征之一，尤其是针对A级和B级软件的开发考虑，很大程度上来源于MC/DC覆盖相比判定覆盖需要增加大量测试用例而导致的成本上升。

（2）源代码可追溯到目标代码。

（3）耦合，包括数据耦合和控制耦合。

1）数据耦合。两个模块之间有调用关系，传递的是简单的数据值，相当于高级语言的值传递。

2）控制耦合。一个函数传递给另外一个函数的参数会影响被调用函数的执行控制流程，其主要问题在于输入参数不同，执行代码就不同。面向对象技术使用控制耦合来将数据耦合减少到最低的数量，动态调度是面向对象引入的一种控制耦合方法。

7.2.3 结构覆盖的注意事项

由于以下的语言特性，增加了判断结构覆盖程度的难度。

1. 继承

继承性是面向对象程序的基本特性之一，它是一种概括对象共性和组织结构的机制，使得面向对象设计更具自然性和直观性。子类不但继承了父类中的特征数据和方法，还可以对继承的特征进行重定义。然而，继承同时也向测试用例设计者提出了新的挑战。即使是彻底复用的，对每一个新的使用语境也需要重新测试。此外，多重继承增加了需要测试的语境数量，从而使测试进一步复杂化。

在定义类和它的全部子类时，应考虑方法与其类属性之间的耦合。继承方法可能导致子类上下文中不充分的行为。例如，一个继承的方法可能无法充分更新子类实例的状态；仅在父类或子类的上下文中覆盖方法可能不会根据状态空间来运行条件。而代码覆盖并不会考虑这些数据和控制耦合。

2. 重写

重写的方法可以与父类方法的需求不同，在子类中重写父类方法主要由以下几点需要注意：

（1）若在子类中重定义了某一继承的方法，即使两个函数完成相同的功能，对重定义的方法也需要重新测试。

（2）若一个类得到了充分的测试，在其被子类继承后，继承的方法在子类的环境中的行为特征需要重新测试。

（3）在多重继承的情况下，从两个不同的父类中所定义的同名同型构的特征中按不同的优先级或选择方式在子类中仅选择保留一个版本时，即使所得到的子类的结构与父类相同，但仍然可能需要不同的测试数据集。

（4）若对父类中某一方法进行了重定义，仅对该方法自身或其所在的类进行重新测试是不够的，还必须重新测试其他有关的类如子类和引用类。

3. 动态调度

动态调度，将在运行时从给定调度点可用的静态类型的集合确定要执行的具体方法。面向对象程序设计使用动态调度来减少数据耦合的使用。根据输入参数的不同，选择执行不同的代码，控制耦合的使用，增加了模块之间的复杂性，并且被调用模块通常不再是单一的功能模块，给程序的结构覆盖分析带来困难。

4. 子程序使用静态调度重写

一般来说，这违反了类型一致性，并且将需要对子程序进行悲观测试以确保充分的覆盖（悲观测试：在调用点上出现的每个类的至少有一个实例被测试）。

5. 参数多态性

编译器可以为每个类型实例化生成唯一的代码。在C++中使用模板实现参数化多态性，将数据类型作为参数传递，参数可以是预定义数据类型或用户自定义数据类型，根据参数的不同，执行不同的代码。由于使用参数化多态带来的不确定性增加了系统运行中可能的执行路径，这将给结构覆盖分析带来困难。

7.2.4　指导信息

结构覆盖分析测试一般要求在源代码上进行，DO-178B/C中同时提到了可以在中间代码或目标代码上进行。如果能够证明源代码、中间代码以及目标代码的一致性，则在这三个层面进行的分析都具有同等效力。对于A级别软件，如果目标代码中被编译环境等自动加入一些附加代码，则必须开展一致性分析。

对于不同等级软件的结构覆盖要求，通过人工构造测试用例时，需要分析每个条件对输出结果的影响，容易出现考虑不周或重复，并增加这个软件生命周期的开发成本。

结构覆盖分析可揭示在测试中未被执行到的代码结构（包括接口），解决方法是进行附加的软件验证活动。产生未执行的代码结构的原因和解决此类问题的相关指导原则如下：

（1）基于需求测试的用例或程序的缺失。应增加用例或程序来提高覆盖率，必要时对基于需求的覆盖率分析方法进行评审；

（2）软件需求不足。应更改需求并增加测试用例和程序；

（3）多余的代码。删除并分析其影响和重新验证的必要性。若多余码出现在源代码或目标码层级，当可以表明可执行代码中不存在多余码的情况下可以允许保留（DO-178C修订的要求，在DO-178B中要求直接删死代码）。

（4）停止使用的代码。对于在所有认证产品的任何配置中不打算被执行的停止使用的代码，应结合分析和测试来表明已采用了某种手段，它能防止，隔离或消除因疏忽而运行这类代码。对于只在指定的目标计算机环境中执行的停止使用代码，应建立正常执行这类代码所需的运行配置，并开发附加的测试用例和测试规程来满足所需的覆盖目标。

要执行的活动取决于证明类型一致性是否已经被实现的能力，证明类型一致性的一种方法是通过展示软件满足LSP（里氏替换原则），这可以通过测试或形式化方法进行展示。

应该被指出的是，一些源代码覆盖技术可以混入来自不同实例的结构覆盖的信息，产生不正确的覆盖率结果。

结构覆盖包括以下步骤：

（1）执行基于需求的测试，为结构覆盖分析捕获数据。

（2）如果类型的一致性被展示，则评估每一个调用点上出现的其中一个的类的至少一个实例。

（3）如果无法满足类型一致性，则评估每一个调用点上可能出现的每个类的至少一个实例（悲观）。

（4）对适当的级别进行结构覆盖分析，包括数据和控制流分析。

（5）考虑每个类的所有继承的和显式的方法。

现在介绍了有关结构覆盖分析活动的建议。

1. 代码覆盖

为适当的设计保证级别执行代码覆盖。如果类型一致性被展示，则评估在每个调用点上出现的某一个类的至少一个实例。否则，需要进行悲观的测试以确保充分的覆盖。

2. 源代码可追溯到目标代码

目标代码和源代码之间的可追溯性目标是不变的。如果可以通过一个调用点进行多次动态调度，那么应该为所有可能的调度覆盖目标代码到源代码的追溯。

3. 数据耦合

数据耦合通过全局数据和参数数据描述了软件组件共享数据的使用。对于面向对象项目，使用数据封装作为类定义的一部分，使用方法来处理数据减少了全局数据的使用。数据耦合分析应包括对类结构和继承层次的检查。

4. 控制耦合

控制耦合提供了集成过程的完整性度量，对于面向对象的项目，由于使用了多态性和动态调度，控制耦合可能是不明确的。控制耦合分析应包括对类结构和继承层次的检查。

7.3　基于组件的开发

基于组件开发旨在为开发人员提供使用软件构件设计或改编来创建一个新的软件系统以实现重用的能力。这个可重用软件可以由程序、方法、类、包和框架等组成。基于组件的开发允许在现有的组件上结合新的组件，以满足系统的要求。继承、聚集、子类型化和模板的使用是重用组件的常用方法。

可重用的软件通常比当前系统被验证的需求包含更多的功能。如果附加的功能导致了系统自身附加的代码，那么无用的代码需要被考虑，未使用的代码可能存在于重用了通用软件组件和库的应用程序中。比如商业现成的软件库（COTS）提供了编译器、操作系统、运行时环境或面向对象的开发框架。

组件依赖于适当的抽象，无论是否在给定的系统中完全使用，这些抽象将被保持完整。组件的完整验证数据可用于支持系统验证。

7.3.1　脆弱点

（1）组件和系统之间的需求不匹配。需求管理是开发过程中一个重要的方面，其主要目的是定义一个一致和完整的组件需求，组件需求经常在它们被使用的系统需求之外开发，其中一些应用和需求难以预见，包括功能性和非功能性的。而对于系统而言，这些需求可能不够明确，因为它们不完全满足预期的系统功能，或者它们可能被过度规定，提供系统不需要的功能。

因为需求往往是不全面、不精确、甚至是互相矛盾的，所以需求管理往往是一个复杂的过程。在基于组件的开发中，基本的途径是重用现存组件。由于候选组件常常缺失一个或几个严格满足系统需求的特征，组件往往不能准确的符合系统需求。另外，即使一些组件有个别功能和系统相符，但在和系统其他的组件相互协同时，它们并不一定能表现出良好的性能，甚至带来负面影响。由于在组件选择过程中有很多不确定性因素，所以有必要在组件选择和演化的过程中进行风险管理。

总之，在使用可重用组件时，由于组件和系统需求之间的差异性，已存在的组件不能完全满足应用软件需求或可能具有某些应用软件开发者也不确定的隐藏风险。

（2）组件数据的生命周期可能与系统数据的生命周期以不同的标准开发。

（3）错误管理不匹配。整个系统的错误管理可能需要一致的策略。来自不同来源的组件可能已经使用了不同的错误管理策略开发。例如，如果整个系统错误管理策略包括异常的处理，那么返回状态值而不是抛出异常的组件需要提供一个包装器，用来检查状态值并抛出异常。

（4）资源管理不匹配。资源管理（如堆，栈，处理器周期，同步）可能需要在整个系统上保持一致的策略。不同来源的组件可能与系统资源需求冲突，或存在与正在开发的系统不兼容的策略。

（5）无效代码的存在。在一个系统的上下文中，可能不需要一个可重用的组件的某些部分（如属性、方法、子程序或完整的类），因此在正常执行过程中不被执行。特别地，由于组件的重用导致的无效代码可能使其难以确定预期函数的损失和潜在的意想不到的行为。

（6）集成的系统组件测试验证，包括数据耦合分析和控制耦合分析，如果没有对组件的内部进行了解可能是很难被实现的。

7.3.2　指导信息

以下问题应给予更多的关注：

（1）需求。任何没有追溯到系统需求的组件需求应该被定义。

（2）重用。当重用组件时，该组件的原始需求应该提供给系统进行安全评估。这些需求对与安全相关的需求的影响由系统安全性评估过程确定。

（3）结构。应该明确定义组件结构，包括它的错误管理和资源管理策略。还应解决与整个系统结构的兼容性。

（4）无效代码。最小化在最终可执行代码中包含的无效代码的数量。

（5）完整性。确保对一个组件无效元素的验证已完成。

应建立将组件整合到系统中的验证策略。需要确定验证活动，以检查这些组件充分的集成到系统中，包括组件分析、系统数据分析和控制流耦合。

下列建议可能支持软件组件的重用。这些建议旨在帮助确定来自另一个系统的组件是否可以重用。这些建议标识了需要在使用系统的上下文中审查的组件的属性。

1. 规划

识别所有重用组件以及在"认证软件方面计划"（PSAC）中停用未使用组件的计划。PSAC应该描述使用这些组件的计划。

2. 需求

审查复用组件需求和使用的系统需求之间的不兼容。此审查应确定组件和使用这个组件的系统之间的任何不匹配，并旨在解决这种不匹配。

3. 生命周期数据

（1）识别可用的生命周期工件（例如，高层次的需求，架构，低层次的需求，代码的可追溯性和验证数据），并显示其中符合DO-178C和每个组件的补充目标的组件。

（2）由于可重用的组件和使用的系统之间可能会使用不同的开发标准（即要求，设计或代码标准），应对标准进行分析，以确定重用工件的可接受性，或是否需要执行额外的活动。

4. 错误管理

（1）检查复用组件的错误处理和报告行为来确定其与使用系统的错误管理方案的兼容性。确定如何在使用系统中解决不匹配的错误管理方案。

（2）指定预期的错误处理行为，并定义重用组件必须遵循的步骤。

5. 资源管理

（1）定义重用组件的资源需求

（2）验证正在使用的系统中有足够的可用资源。

6. 验证

（1）分析正在使用的系统以确定组件中禁用的代码不能被激活。

（2）识别任何可能对系统实现造成不利影响的复用组件行为（例如，漏洞，分区要求，硬件故障影响以及冗余要求，数据延迟和设计约束），以确保组件操作正确。

（3）确保集成测试策略足以验证重用组件在系统上下文中的行为。

（4）确定组件定义或使用的全局数据作为数据耦合分析的一部分。

（5）分析系统与复用组件之间的控制耦合。

（6）验证数据应包括受组件的任何可设置参数影响的测试用例和过程的列表。

可复用组件的存在并不能保证这些组件可以被容易地或有效地集成到为新应用选择的体系结构中，所以，应进行一系列基于组件的开发活动。

1. 组件鉴定

组件的鉴定保证某候选组件能够完成所需的功能，并且可以合适的"安装"到为系统选定的体系结构风格中，并且符合系统所需的质量特性（如性能、可靠性和可用性）。

2. 组件适应性修改

在理想的情况下，应该创建可以被容易地集成到应用体系结构中的组件库。"容易集成"的含义如下：

（1）对库中的所有组件已经实现了一致的资源管理方法；

（2）所有组件都有诸如数据管理等公共活动；

（3）已经以一致的方式实现了体系结构内部及外部环境的接口。

但现实情况是，即使在组件已经针对在应用体系结构中的使用而进行过认证，它也可能在刚才提到的一个或多个区域中展示出冲突。为了缓解这些冲突，经常使用一种称为组件包装的适应性技术。当开发人员对某组件的内部设计和代码有完全的访问权时，可以进行白盒包装，白盒包装检查组件的内部处理细节，并通过代码级的修改以消除任何冲突。当组件库提供了使得能够消除或掩盖冲突的组件扩展语言或API时，可以使用黑盒包装。黑盒包装需要在组件接口中引入前处理、后处理以消除或掩盖冲突。开发人员必须确定是否适应性地包装组件所需的工作量是值得的或是否应该代之以开发定制组件（专门设计以消除遇到的冲突）。

3. 软件组装

组件组装任务将认证后的、适应性修改后的和开发的组件组装到为应用建立的体系结构中。为了达成此目标，必须建立一个基础设施以绑定组件到某运行系统中。该基础设施（通常是专门组件的库）提供了组件协同的模型和使组件能够相互协同并完成共同任务的特定服务。

7.4　资　源　分　析

由于关键的安全系统必须拥有足够的内存，处理器和网络资源以保证及时的完成任务，所以资源的分配和消耗对于此类系统的正确运行至关重要。

动态内存分配（通常是指栈和堆使用）可能导致内存耗尽，不适当的行为可能导致内存损坏，吞吐量需求可能会超过处理器能够及时完成所有必需任务的能力，网络争用或容量限制会中断独立组件之间的必要通信。所有这些发生在预期结果之外的情况都需要考虑。在这些资源中，使用面向对象编程最有可能对内存使用和吞吐量产生影响，因此需要进行必要的分析，以确保正确使用这些资源。

现代编程实践，包括面向对象编程，已经提高了生产率，并且在安全性方面有所改善。增加生产力的方法已经通过提高程序员的抽象水平实现，把编程的行为从关注低级的处理器行为转移到更高层次的视图上，其中编程语言和环境减轻了程序员管理这些低级细节的责任。

这带来了一些额外的设计和验证约束，但是，由于程序员不再对诸如内存分配和重用等重要方面直接负责，因此对这些重要资源的控制能力较低。此外，面向对象编程的本质更重视动态内存的分配，以及随后释放，并将内存返回到可用内存池，从而使内存分配和重用相应地更为重要。虽然面向对象编程可以在不使用动态内存的情况下完成，但是这样的用法减少了面向对象编程的好处。

当自动进行内存管理时，程序员不再直接负责内存的分配和重用。这消除了内存管理过程中的错误，但需要一个更复杂的运行时系统。正如高级语言的使用已经很大程度上取代了汇编语言在安全关键系统的使用，自动内存管理系统的用途是取代纯手工技术。这些技术的使用对资源分析造成了直接的影响。

7.4.1 注释与静态分析

在讨论资源分析之前，对经常用来支持此类分析的技术进行介绍。

静态分析是指在不运行代码的方式下，通过词法分析、语法分析和控制流分析等技术对程序代码进行扫描，验证代码是否满足规范性、安全性、可靠性、可维护性等指标的一种代码分析技术。结合词法分析和语法分析给出的信息，静态分析工具可以检查所测试程序违反编程标准的错误，如模块大小、模块结构、占用资源大小、注释的约定和各种类型源语句的出现次数等；

使用注释可以促进对最大资源使用的分析。通过静态检查的方式明确的表达程序员的意图和期望，资源分析可以通过这些信息得到帮助，从而得出更真实的结果。特别地，用程序中的对象的属性来表示注释，而不是依赖于静态值，这使它们更普遍地适用。例如，在集合循环中提供绑定的注释可以比硬编码的常量值更好地表示一个集合大小的函数。

使用面向对象编程的资源分析比纯粹的面向过程代码要复杂得多。特别地，动态调度增加的控制耦合意味着控制流更依赖于程序中的数据流。因此，利用数据流分析来补充控制流分析，可以得到更准确的分析结果，通过指针分析，可以获得额外的精度。这些技术还可以简化使用了动态内存管理程序的资源分析。

7.4.2 内存使用情况分析

内存的使用通常包含4种形式：程序代码、静态存储区、栈和堆内存。目前为止还没有证据表明面向对象编程会对程序和静态数据内存使用产生重大影响，除了在一个面向对象程序中内存的整体使用可能会有所减少（面向对象程序易复用、易扩展的特点导致代码量较少，且动态内存控制较为简单），这些内存使用将不会进一步讨论。尽管还有其他类型的内存使用，比如作用域和永久内存，但它们可以被看作是栈和堆内存的变体。

内存一般指的是计算机的随机储存器（RAM），程序都在这里面运行。计算机内存的大致划分如图7-1所示。

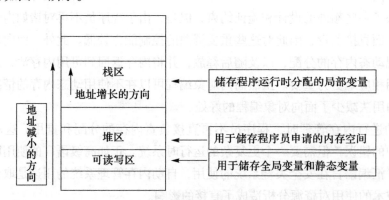

图7-1　计算机内存划分图

栈区：栈内存由编译器在需要时自动分配和释放。通常用来存储局部变量和函数参数（为运行函数而分配的局部变量、函数参数、返回地址等存放在栈区）。栈运算分配内置于处理器的指令集中，效率很高，但是分配的内存容量有限。

堆：程序在运行的时候用malloc或new申请任意大小的内存，由程序员负责在适当的时候用free或delete释放内存。动态内存的生存期可以由开发人员决定，如果未能对内存进行正确的释放，会造成内存泄漏，但在程序结束时，会由操作系统自动回收。

举例来说：

```
void fn（）{
    int* p = new int[5];
}
```

使用new分配了一块堆内存，而为指针p分配了一块栈内存。以上例子的意思是在栈内存中存放了一个指向堆内存的指针p。程序会先确定在堆中分配内存的大小，然后调用operator new分配内存，最后返回这块内存的首地址，放入栈中。

综合以上分析，总结栈和堆的区别如下。

（1）管理方式不同。对于栈来讲，是由编译器自动管理的，无须手工控制；对于堆来说，释放工作由程序员控制，容易产生内存泄漏。

栈：只要栈的剩余空间大于所申请的空间，系统将为程序提供内存，否则将报异常提示栈溢出。

堆：操作系统有一个记录内存地址的链表，当系统收到程序的申请时，会遍历该链表，寻找第一个空间大于所申请的空间的堆节点，然后将该节点从空闲节点链表中删除，并将该节点的空间分配给程序。另外，对于大多数系统，会在这块内存空间中的首地址处记录本次分配的大小，这样代码中的delete或free语句就能够正确的释放本内存空间。另外，由于找到的堆节点的大小不一定正好等于申请的大小，系统会将多余的那部分重新放入空闲链表中。

（2）空间大小不同。在Windows下，栈是向低地址扩展的数据结构，是一块连续的内存区域，栈顶的地址和栈的最大容量是系统预先规定好的，能从栈获得的空间较小。堆是向高地址扩展的数据结构，是不连续的内存区域。这是由于系统是用链表来存储的空闲内存地址，自然是不连续的，而链表的遍历方向是由低地址向高地址。堆的大小受限于计算机系统中有效的虚拟内存。由此可见，堆获得的空间比较灵活，也比较大。

（3）内存碎片问题。对于堆来讲，频繁的new/delete势必会造成内存空间的不连续，从而造成大量的碎片，使程序效率降低。对于栈来讲，则不会存在这个问题，因为栈是先进后出的队列，以至于永远都不可能有一个内存块从栈中间弹出。

（4）生长方向不同。对于堆来讲，生长方向是向上的，也就是向着内存地址增加的方向；对于栈来讲，它的生长方向是向下的，是向着内存地址减小的方向增长。

（5）分配方式不同。堆都是动态分配的，没有静态分配的堆。栈有2种分配方式：静态分配和动态分配。静态分配是编译器完成的，比如局部变量的分配。动态分配由malloca函数进行分配，但是栈的动态分配和堆是不同的，栈动态分配是由编译器进行释放，无须手工实现。

（6）分配效率不同。栈内存由系统进行分配，速度快，但是程序员无法控制。堆由程序员进行分配，速度较慢。

栈内存是分配给特定子程序的内存，用于在子程序执行期间使用的术语。它使用先进后出的分配策略，使栈内存的分析比堆内存更容易。在子程序完成执行后，分配给特定子程序的堆栈内存的恢复和重用问题得到了很好的理解，并被广泛接受为适合于通过高级编程语言及其运行时环境的自动处理。

堆内存是用于为实体分配内存的术语，它的存在不受初始化分配的子程序的活动或范围的限制。这样做的影响是，这种内存的释放通常不会在与分配内存相同的上下文中执行，使得堆内存分配和释放的正确实现比栈内存存在更大的问题。虽然垃圾收集已经存在了50多年，但是最近才发现，堆内存被认为是可以被高级编程语言及其运行时环境自动处理的，至少在一个实时系统中是这样。

1. 栈的使用

用于安全关键系统的软件通常包含多个控制线程，为在多线程系统中执行的子程序提供临时存储的最常用的技术是为每个线程分配一个单独的栈。这种分配可以是手动执行的，也可以是由编程语言及其运行时环境处理的更广泛的内存管理系统的一部分。

分析面向对象软件栈的使用与面向过程软件基本相同，稍有不同的是前者引入一些额外的考虑。这种分析包括确定每个子程序可以最大限度地分配多少栈内存、哪些子程序可以执行，从而确保子程序在任何给定的时间消耗栈空间（对于特定线程的栈）。

使用面向对象编程由于必须考虑使用动态调度的后果而增加了复杂性，这使得程序如果想确定在任何特定调用点调用了哪些方法的过程比面向过程软件更复杂。递归也使得对栈使用的分析变得更加复杂，但是对于面向对象软件来说，这并不是一种不同的方式。一些编译器将尾部递归实例转换为循环。除了这种情况，所有使用递归的方法都应该被证明是有资源限制的。

尽管对线程栈的使用情况进行手工计算在理论上是可行的，但被广泛认为是错误的，这种方法对于任何重要的程序都是不实用的。实际上，这种分析需要工具自动确定程序流及其相关调用序列，以便计算线程的最大栈使用情况。对于面向对象程序，由于需要在每个调用点确定从父类继承或由在该调用点调用的子类重写的方法集，这种分析将变得复杂。此外，用于最小化堆内存分配的逃逸分析技术将进一步影响栈使用情况的分析。

逃逸分析通常在复杂的面向对象语言运行时系统中发现，当变量或者对象在方法中分配后，其指针被返回或者被全局引用（这样就会被其他过程或者线程所引用），这种现象称作指针（或者引用）的逃逸（Escape），而分析指针动态范围的方法称之为逃逸分析。

在java语言中，我们知道对象是在堆里分配的，在调用栈中，只保存了对象的指针。对象不再使用后，需要依靠GC（垃圾回收机制）来遍历引用树并回收内存，如果对象数量较多，将给GC带来较大压力，也间接影响了应用的性能。减少临时对象在堆内分配的数量，无疑是最有效的优化方法。

逃逸分析优化——栈上分配。优化原理：分析找到未逃逸的变量，将变量类的实例化内存直接在栈内分配（无须进入堆），分配完成后，继续在调用栈内执行，最后线程结束，栈空间被回收，局部变量对象也被回收。这样优化后栈空间直接作为临时对象的存储介质，从而减少了临时对象在堆内的分配数量。

这样的分析可能会过于保守的判断栈的最大使用量，因为通常只有可用子类的一个子集可以在任何给定的调度点实际使用。在这种情况下，可以使用全局数据流分析来对栈大小提供更精确的限制。全局数据流分析对于确定特定线程中递归的限制也是有用的。

数据流分析指的是一组用来获取有关数据如何沿着程序执行路径流动的相关信息的技术，目的是提供一个过程（或一大段程序）如何操纵其数据的全局信息。数据流分析通过静态代码来"推断"程序动态执行的相关信息，并不真正执行程序。

多数数据流分析问题关注的是各种程序对象（常数、变量、定值和表达式等）的集合，以及在过程内任意一点这些对象的什么集合是合法的有关判断。另外在数据流分析中，一般是会忽略掉路径条件判断的，也就是说默认所有路径都可达，在程序分析中忽略掉程序控制条件，所以核心的部分就是状态数据如何变化了，也就是数据流分析。

虽然可以对过程的控制流图进行数据流分析，但通常更有效的做法是将它分解为局部数据流分析和全局数据流分析，局部数据流分析针对每一个基本块进行，全局数据流分析针对控制流图进行分析。全局数据流分析可以在控制流图的基础上通过迭代分析得到感兴趣的数据流结果。

指导信息：与栈使用相关的潜在异常（如数据损坏，栈溢出和下溢）通过使用面向对象技术依然存在，因此所有与面向过程语言栈使用有关的建议仍然适用。应该注意解决上面讨论的面向对象栈使用的额外难题，例如来自逃逸分析的栈上的调度和对象分配。由于使用人工方法提供足够准确的栈使用情况分析已经被证明通常不可靠，应该考虑包括全局数据流和指针分析在内的自动化技术。栈工具，例如，运行时栈监视，应用于检测栈下溢和溢出条件，以尽量减少在飞行操作中产生这些情况的概率。栈溢出和下溢应该是可检测的，如果这种情况发生，应采取适当的行动，例如将操作减少到降级模式。

2. 堆的使用

在系统初始化后不动态分配对象的系统中，足以证明初始化代码不需要比可用堆内存更多的空间，然而，动态分配内存的堆分析更加复杂。跟踪所有分配是不够的，应该理解在堆上分配的所有对象的生命周期。在理想情况下，应该有一种方法可以精确地确定每个对象的生命周期，而事实上，这是难以处理的，因为精确的寿命取决于程序从其环境中接收的数据。因此，需要一个安全的近似方法或进行广泛的测试。

在理想情况下，将使用形式化方法来提供这种近似。诸如逃逸分析和带有指针分析的数据流的技术可以提供帮助，逃逸分析可以确定哪些对象仅以类似栈的方式使用，其寿命与程序的调用栈行为有关，数据流和指针分析可以提供关于什么时候丢弃引用的信息，因为很难有足够的精确度来模拟堆。

另外，还可以使用系统集成测试来确保应用程序具有足够的内存。堆基础结构应该有一种方法来确定当前使用的内存量，用于跟踪在预期的负载和数据情况下的内存使用情况。在这样的测试中，重要的是输入数据的数量要比实际操作中合理的预期大得多。

（1）手动回收内存。只要有堆内存，就有手动分配和回收堆内存。这种技术有几种不同的变体，最常见的是使用分配和释放程序来进行堆管理。其他的包括对象池和作用域内存。

对于C语言及其扩展语言（如C++，C#），这些分配和释放程序是熟悉的：malloc（）和free（）。由于分配和回收通常是分开的，所以手动分配和回收内存已被证明是难以长期正确管理的，本质上很难确保对已分配的内存进行充分的回收。由于悬挂指针（指向已经释放的内存的指针）和内存泄漏（分配的内存，甚至在不再有任何值之后仍然保留分配）常常会导致内存损坏。虽然非常彻底的测试和代码审查可以解决这些问题，但一般来说，很容易发生错误，因此，强烈不鼓励使用malloc（）和free（）进行动态内存管理。

对象池是使用手动分配和释放来进行堆管理的一种变体。由于这是一个手动过程，当对象过早地返回到池中，或者在对象的所有引用丢失之前都无法将对象返回到池中，仍然会发生错误。堆内的碎片交换堆之间的碎片化。如果使用此技术，则仍然应该处理手动堆管理的所有漏洞，并应注意确保所有池都是合适的大小，因此当其他池中有可用内存时，不会耗尽一个池。

作用域内存尽量使用类似于栈的分配范式来管理内存的使用。这样做的好处是，即使丢失的指针也可以被释放，而且通常有一种机制来确保引用仍然存在的对象不会被释放。但是，内存块本身的管理可能会成为一个问题，而额外的运行检查对于防止过早的回收是必要的，因为它不允许将引用放入更深的嵌套范围内。

这些方法的正确性不能仅仅由它们的实现来决定。它们过分依赖如何使用，正确性只能在特定应用程序的范围内确定。

（2）内存自动回收。自动回收内存（通常称为垃圾回收）只是管理堆内存的一种技术，但由于它可以牺牲额外的运行时系统代码而提高系统的完整性，因此值得特别注意。通过确保在堆上保留引用完整性来提供系统完整性的这种改进。换句话说，就是只有不再被引用的对象才被返回到空闲列表，并且不再有引用的内存丢失了。为了实现这一点，垃圾收集器需要精确，即知道它负责什么内存，并且可以找到对这个内存中的对象的所有引用。

有一些语言的垃圾收集器，如C和C++，它们允许指针操作，但这些收集器不可能精确，因为程序可以通过将指针转换为空指针来打破引用的完整性。由于可以使用转换来在指针和其他数据类型之间转换，这些收集器还需要使用启发式方法来确定什么是指针，什么不是程序栈上的指针。这样的启发式算法可能被误导，例如，在堆栈中找到一个double，并在其尾数位模式中找到另外看起来是一个指针的值。

因此，这些收集器既不能保证引用对象不被收集，也不能保证对象不丢失。

应该清楚的是，只有精确的垃圾回收器可用于安全关键的应用程序，只有实时的垃圾收集器可用于实时应用程序。精确的垃圾回收器是永远不会丢失对象的垃圾收集器。实时收集器可以为关键任务提供响应保证。这通常意味着收集器是逐渐的工作而不是一次性的。

堆内存耗尽是堆使用的核心问题。为了确保使用垃圾收集的程序不会过早地耗尽内存，垃圾收集器需要能够在程序分配剩余空闲内存之前运行两个完整周期，其中一个周期表示堆的完整遍历，要运行两个循环的原因是要解释垃圾收集器正在运行时分配的对象。这取决于空闲内存的数量和分配率。

例如，有三种常用的实时垃圾收集方法：周期性的，基于松弛的和基于工作的。当然，会出现其他的方法，但是这三种方法可以用来说明需要考虑的要点。在任何情况下，垃圾回收都有自己的线程上下文，或者在分配线程的上下文中运行。

标记和扫描是最古老和最简单的基本技术。这种技术使用单独的阶段来确定哪些对象仍然是可访问的，并返回不再可访问的对象到空闲内存池。通常，算法分为四个阶段：根扫描、标记、扫描和压缩。在根扫描阶段，找到堆中的所有指针。这通常包含跟踪指针的线程栈和静态数据。标记阶段标识从这些入口点可到达的所有对象。扫描阶段将所有无法到达的对象返回到空闲列表。最后，压缩阶段重新排列对象以减少碎片，以便只要有足够的内存可用，就可以分配最大可能的对象。其他垃圾收集算法本质上是对这些步骤的优化，即所有可访问的对象保留，并且所有无法访问的对象都可用于重新分配。需要注意的是，这个过程可以逐步完成，也就是说，堆上活动对象的标记可以在概念上与堆上新对象的分配并发。使用读取and/or写入屏障算法使之成为可能。

在周期性和基于松弛的收集器中，垃圾收集器在自己的控制线程中运行。在第一种情况下，垃圾收集器在设定的时间内持续运行一段时间，实时任务围绕着垃圾收集器被制定。在第二种情况下，收集器以低优先级运行，系统需要允许足够的闲置时间（无其他任务运行的时间），以使垃圾收集器执行其工作。分析应该有关于可用内存量和分配率的信息，确保垃圾收集器线程经常运行并足够长，以确保足够快地回收对象足以防止当系统中仍有未使用内存时，分配内存失败。基于松弛的垃圾收集器通常需要一个完整的可调度性分析，以确保垃圾收集器总是有足够的空闲时间来及时回收内存。

基于工作的收集器没有单独的控制线程。相反，每当分配内存时，它会运行一些步骤。换句话说，应用程序任务通过做一些垃圾收集来进行内存分配。这意味着收集器自动跟踪分配速率，当分配率上升时，垃圾收集工作的数量也随之增加，当分配率下降时，垃圾收集工作的数量也随之下降。分析需要可用内存量，而不是分配速率，以确保在内存耗尽之前两个周期完成。

其重点不仅在于证实最大的内存使用量，而且还有一些获取或跟踪分配率的方法。在没有自动跟踪分配率的系统中，分配器将过早地失效，即在内存完全耗尽之前发出信号。

指导信息：任何在航空电子系统中使用的动态内存管理技术需要确保：

1）分配器返回不存在其他引用的内存引用（排他性）。

2）当有足够的可用空闲内存时，任何必要的分配请求都将成功。

3）在内存需要重新使用之前，已分配但不再引用的内存被回收。

4）有足够的内存以容纳所有同时活动的对象。

5）保持引用一致性，即每一个对象都是唯一的，并且仅被看作是那个对象。

6）移动对象时，相对于所述对象的所有引用来说，对象的移动都是原子的。

7）所有的内存操作都是确定的，即具有指定的时间范围。

对于内存分析，一旦选择的技术被证明能够正确地为应用程序工作，则表明系统有足够的内存执行应用程序。在理想情况下，使用正式的方法来证明系统不需要比可用内存更多的内存空间。除此之外，应使用仪器仪表（例如运行时堆监视）来显示堆内存不超过峰值。在任何情况下，当内存即将耗尽时，系统应识别并采取适当的行动，如减少操作到降级模式。

7.4.3 时序分析

几乎所有的安全关键航空电子设备的应用程序也是时序要求严格的，也就是说，他们有实时的最后期限需要满足。这意味着特定的计算需要在规定的时间内完成。应用程序有责任证明时序要求严格的代码将在最后期限内完成。要做到这一点，确保时序要求严格的子程序不需要比可用时间更多的时间来执行，并且这个子程序在规定时间内可以得到CPU分配的足够时间。通常，证明时间关键子程序满足其最后期限所必需的分析是将问题分解为确定子程序的最坏情况执行时间（WCET）并确定子程序的调度。

1. 动态内存管理

在一般情况下，面向对象的语言比面向过程的语言更依赖于动态内存管理。动态内存管理技术对执行时间有影响，甚至对时序要求严格的子程序的调度有影响，在一般情况下，应该考虑分配和释放对象所需的时间。作为一个应用完整时序分析的一部分，这个问题必须被考虑。

在大多数情况下，动态内存管理的时间要求可以归入WCET分析。

当分配和释放操作（或垃圾收集工作）直接在应用程序线程中完成时，开发人员可以确切地知道这些操作发生在何处。在分析WCET时，这些操作只是计算的一部分，对调度没有直接的影响。

另一方面，一些实时垃圾收集和压缩技术需要一个单独的任务（也称为执行线程）来完成它们的工作。在这种情况下，应进行定时和调度分析以确保适当的系统响应。需要了解的不仅是这些任务何时被调度，还有这些任务花费了多长时间，以及什么样的粒度可以中断任务。

与不能用于时间关键应用程序的标准垃圾收集器相反，一个实时的垃圾收集算法应该是增量的，以便它的工作可以与应用程序的其余部分交错。在分配空闲内存时需要，它应该完成两个完整的周期。需要两个周期来描述在垃圾收集器的一个周期内并行分配的对象。

2. 最坏情况执行时间分析

使用面向对象技术和相关技术对WCET分析只有轻微的影响。方法调度和动态内存管理都可以对系统的时序产生影响。动态方法调度机制决定了在WCET分析中需要考虑的调用开销。在单继承或使用稀疏矩阵的多重继承情况下，调用时间可以是恒定的，通常一个指针被间接引用。否则，可能需要进行表查找。这个查找时间应包括在WCET分析。有关内存管理程序的时间界限的定义也应该被考虑，包括但不限于内存分配和内存释放。

3. 时序安排

调度分析也可以被一些面向对象技术和相关技术影响。如果内存管理子系统有在专用线程中运行的任务，那么这可能需要在调度分析中考虑。虚拟化技术也可能会影响调度，特别是当虚拟化层结合自己的调度器时。需要记录调度的功能并包含在调度分析中。

4. 指导信息

关于面向过程的语言，WCET和时序验证基本相同，但应考虑面向对象技术和动态内存管理的其他方面。在每个调用点，WCET中静态类型的方法的运行时间以及可以替代静态类型的每个可能的动态类型的方法应在WCET中考虑。内存管理，所有代码中的内存操作应视为WCET的组成部分，如果有一个单独的内存管理线程，如垃圾收集线程，该线程应被视为用于调度的任务负载的一部分。

第8章 其他问题

1. 虚拟化技术

DO-332中提出虚拟化技术的概念：虚拟化是用一个执行环境模拟其他环境，一些虚拟化技术，如解释器（Interpreters），通过程序实现模拟。

请对虚拟化技术的概念进行解释说明，结合DO-332分析该技术和面向对象技术的关系，确定DO-332中提及的虚拟化技术是否和虚函数存在关系。

答复：虚拟化（Virtualization）是一种资源管理技术，是将计算机的各种实体资源，如服务器、网络、内存及存储等，予以抽象、转换后呈现出来，打破实体结构间的不可切割的障碍，使用户可以比原本的组态更好的方式来应用这些资源。这些资源的新虚拟部分不受现有资源的架设方式，地域或物理组态限制。一般所指的虚拟化资源包括计算能力和资料存储。

在实际的生产环境中，虚拟化技术主要用来解决高性能的物理硬件产能过剩和老的旧的硬件产能过低的重组重用，透明化底层物理硬件，从而最大化地利用物理硬件。

DO-332给出的定义：虚拟化技术是使用软件（或硬件）在某个更高的层次上对一组资源进行抽象的通用技术。例如：微码、操作系统、数学库（抽象访问浮点单元），设备驱动程序（抽象的访问物理设备），虚拟机管理器和解释器等。

一些虚拟化技术，像解释器一样，是一种模仿特定语言指令执行的程序。解释器可以像可扩展标记语言XML或者软件中的状态机解释器一样简单，也可能像编译器一样复杂。

虚函数是为了重载和多态的需要，在基类中定义的，即便定义是空。所以，子类中可以重写也可以不写基类中的函数。虚函数的作用是允许在派生类中重新定义与基类同名的函数，并且可以通过基类指针或引用来访问基类和派生类中的同名函数。纯虚函数在基类中是没有定义的，必须在子类中加以实现，很像java中的接口函数。

DO-332标准中提到的虚拟化技术和虚函数是完全不相关的两个概念，没有任何关系。

2. 基于组件的开发

DO-332中提出基于组件的开发，给出了基于组件的重用中可能存在的弱点：①组件需求和系统需求不一致；②组件生命周期数据开发标准和系统生命周期数据的开发标准不一致；③错误管理方法不一致；④资源管理不一致；⑤无效码；⑥集成后组件的测试

（包括数据耦合和控制耦合）。

请分析基于组件的开发是在面向对象技术应用过程中是否存在着其特殊性，分析在DO-332中提及基于组件的开发的原因。

答复：面向组件的开发思想是将庞大的系统分割成为许多功能对立的小模块，不再是简单的代码集，而是一个自给自足的组件，这些组件模块都是独立的，可以运行在同一台机器，也可运行在不同的网络环境中。其具有易替换、适应业务修改、实现二进制代码重用、有助于并行开发的优点。

基于组件的软件开发技术需要靠面向对象来支撑，实现一个组件，仍然是通过编写面向对象的代码，面向对象是面向组件开的基础，而面向组件，只是减少了开发的冗余，避免了重复造轮子，它们之间是包含关系。

随着软件规模和复杂度的增加，基于组件的软件开发技术逐渐展现出它的优势，而面向组件里边也是用面向对象来实现的，只能说它们的目的不一样，面向对象是为了设计上更方便，更好的模拟人类对事物的思维，面向组件是从拿过来就可以用的角度来说的，更好的减少了重复劳动力。

面向组件的开发技术和面向对象的开发技术的区别：

（1）面向对象中，对象之间的交互是细粒度的，通过单个消息进行交互；面向组件中组件的交互是通过接口连接进行交互，接口内含有多个消息，接口不同则需要适配。比如，信件一封一封的送，是对象之间的交互，信件一次性送完是组件交互。

（2）组件的粒度比对象要大，在面向对象系统设计中，对象是构建系统的基本元素；面向组件系统开发中，组件是系统的基本建筑块；组件有点类似子系统的概念，把一组相关的对象封装起来对外提供服务；组件的存在增加了信息的隐蔽程度，减少了馈入上层信道的信息数量，从而增加了系统的稳定性；

（3）面向对象中强调封装、继承、多态；对象是类的实例，此处对象往往是指源代码级的类的定义及其实现；面向组件强调封装，在复用方面更多的是强调黑盒复用。组件中，接口的概念被特别强调。接口是组件和组件使用者之间的契约；接口的确定使得组件的开发者和使用者得以分开。

（4）组件集中关注业务的职责，明确业务边界；对象关注同一业务的所有方面。假如业务复杂的话，同一个概念实体，可能包含1 000个属性，而这1 000个属性可以分类成多个方面，用面向对象方法，那么针对这1 000个属性的操作，就会封装在这个对象里，结果所有操作因为所针对的属性捆绑，而捆绑，不能达到部分重用。组件提供了更好的方式，针对这1 000个属性的操作按职责分在不同的业务组件里，同时部分有公用可能的组件也可针对其他业务的提供某些方面的重用。

（5）领域模型本身反映了现实世界的根本复杂性，组件针对的是领域模型的某个方面的相关属性和相关操作。就像面向方面思想一样，核心关注的是概念实体本身，方面则是按逻辑相关性分组的相关属性和相关操作。不同类型的实体核心关注的是不一样的，但一定某几个非核心方面存在类似。对于实现来说，可以为每个方面声明一个父类，然后从多个方面继承。

3. 动态内存管理

DO-332中提出：面向对象技术的使用非常依赖动态内存管理，动态内存管理相关的面向对象技术包括对象池，基于激活帧的对象管理和基于堆的对象管理。

请解释动态内存管理的概念，分析动态内存管理存在的具体风险，分析对象池、基于激活帧的对象管理和基于堆的对象管理存在的风险。

答复：动态内存管理（Dynamic Memory Management，DMM）是从对象池和Heap中直接分配内存和回收内存。有两种方法实现动态内存管理：

（1）显示内存管理（Explicit Memory Management，EMM）。

在EMM方式，内存从Heap中进行分配，用完后手动回收。程序使用malloc（）函数分配整数数组，并使用free（）函数释放分配的内存。

（2）自动内存管理（Automatic Memory Management，AMM）。

AMM也可叫垃圾回收器（Garbage Collection）。Java编程语言实现了AMM，与EMM不同，Run-time system关注已分配的内存空间，一旦不再使用，立即回收。

无论是EMM还是AMM，所有的Heap管理计划都面临一些共同的问题和潜在的缺陷：

（1）内部碎片（Internal Fragmentation）。当内存有浪费时，内部碎片出现。因为内存请求可导致分配的内存块过大。比如请求128字节的存储空间，结果Run-time system分配了512字节。

（2）外部碎片（External Fragmentation）。当一系列的内存请求留下了数个有效的内存块，但这些内存块的大小均不能满足新请求服务，此时出现外部碎片。

（3）基于定位的延迟（Location-based Latency）。延迟问题出现在两个数据值存储得相隔很远，造成访问时间增加。

动态内存管理存在的具体风险如下。

引用的二义性风险：内存分配器返回一个活动内存的引用，例如，仍然可以从程序代码访问的对象。这种允许程序不合理地使用已分配的内存将会导致安全风险。

内存碎片：内存碎片是指由于动态的内存分配与回收，造成系统中存在大量小的空闲内存块。由于每个内存块都过小，无法找到足够容量的连续的内存块而导致内存分配失败。

饥饿回收：饥饿回收是指由于系统对未引用内存（例如：对象，或结构体等）的回收不及时，可能导致内存分配请求失败。这种情况也可能是丢失内存对象引用引起的。

堆内存耗尽：当程序同时申请大量的内存时，可能会导致堆内存耗尽，即程序运行的堆内存需求超过了可用的内存。而缺乏足够大的堆内存，将无法进行内存的动态申请。

过早回收：即使某一内存空间存在活动的引用，内存片段是依然可以被回收的。在引用依然存在期间使用delete语句，只是释放掉了指针所指的内存，但并没有将指针置空，此时指针指向的就是"垃圾"内存，这将很容易导致程序错误。

丢失更新和陈旧的引用：在面向对象系统中，经常通过移动对象的内存地址，来避免产生内存碎片，但这可能产生风险。例如，已经创建了新的对象拷贝后，仍然对旧的对象内存拷贝进行更新；或者在新对象内存拷贝还没有初始化之前，就对新对象进行更新；或者在新对象创建后，仍然读取旧对象的内存拷贝；或者在新对象拷贝初始化之前，就读取了新对象内存。

超时限的内存分配和释放：动态内存管理技术对应用程序执行时间有影响，分配和释放内存的时间并不总是可预测的，对于内存释放，有显式释放和垃圾回收两种方式，在一般情况下，应该考虑分配和释放对象所需的时间，应用软件可能由于动态内存管理而遭遇意外的延迟。

对象池、基于激活帧的对象管理和基于堆的对象管理的具体讨论见本研究报告2.6.9的相关内容。

参 考 文 献

[1] MISRA LIMITED. MISRA C++ 2008 Guidelines for the Use of the C++ Language in Critical Systems[R]. Nuneaton: [s.n.],2008.

[2] LOCKHEED MARTIN CORPORATION. Joint Strike Fighter Air Vehicle C++ Coding Standards for the System Development and Demonstration Program[R].Maryland：Lockheed Martin Corporation,2005.

[3] BS ISO/IEC 14882:2003.Programming languages. C++ [S].New York: American National Standards Institute,2003.

[4] STROUSTRUP B. Abstraction and the C++ machine model[C]//Proceedings of the International Conference on Embedded Software and Systems. New Jersey: ICESS 2004: Embedded Software and Systems, 2005:1-14.

[5] ISO/IEC PDTR 18015. Technical Report on C++ Performance[S].[S.l.]:ISO/IEC JTC1/ SC22/WG21,2003.

[6] MISRA. Guidelines for the Use of the C Language in Vehicle Based Software[R]. Nuneaton: [s.n.],1998.

[7] SCOTT MEYERS. Effective C++: 50 Specific Ways to Improve Your Programs and Design[M]. 2nd ed. New Jersey: Addison-Wesley 1998.